武汉市农业科技成果
转化现状及对策研究

● 吴大志　主编

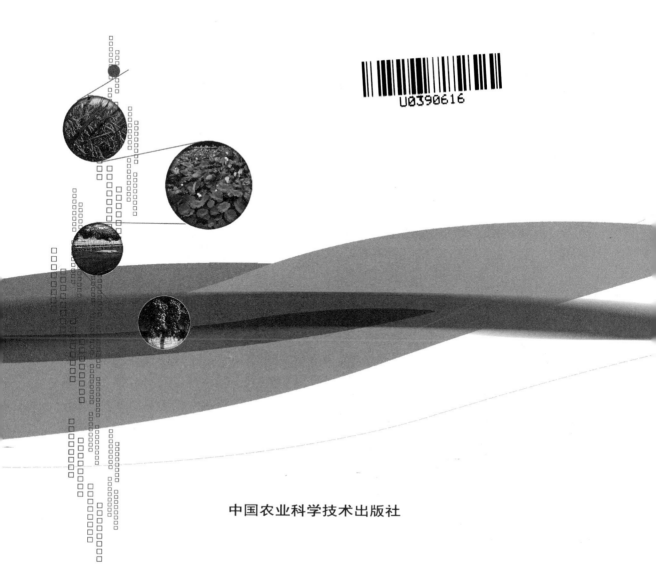

U0390616

中国农业科学技术出版社

图书在版编目（CIP）数据

武汉市农业科技成果转化现状及对策研究／吴大志主编 . —北京：中国农业科学技术出版社，2015.5

ISBN 978 – 7 – 5116 – 2069 – 9

Ⅰ.①武…　Ⅱ.①吴…　Ⅲ.①农业技术 – 科技成果 – 成果转化 – 研究 – 武汉市　Ⅳ.①S – 12

中国版本图书馆 CIP 数据核字（2015）第 078816 号

责任编辑　　朱　绯
责任校对　　马广洋

出 版 者　中国农业科学技术出版社
　　　　　　北京市中关村南大街 12 号　邮编：100081
电　　话　（010）82106626（编辑室）　（010）82109702（发行部）
　　　　　　（010）82109709（读者服务部）
传　　真　（010）82106626
网　　址　http://www.castp.cn
经 销 者　新华书店北京发行所
印 刷 者　北京富泰印刷有限责任公司
开　　本　787 mm×1 092 mm　1/16
印　　张　14
字　　数　280 千字
版　　次　2015 年 5 月第 1 版　2015 年 5 月第 1 次印刷
定　　价　35.00 元

《武汉市农业科技成果转化现状及对策研究》
编 委 会

主　　编：吴大志

副 主 编：林处发　邵永发

执行主编：宋桥生　魏辉杰　李宝喜　汪　勇

编　　委（按姓氏笔画排序）：

吕景福　刘义满　李宝喜　吴大志

汪　勇　宋桥生　邵永发　林处发

涂同明　程　萍　魏辉杰

目　　录

第三篇　转 化 实 践

第一篇

研究报告

武汉市农业科技成果转化现状及对策研究综合报告

武汉市农科院 武汉市科技局 武汉市农业局

课 题 组

农业经济的发展,愈来愈依赖于科技成果转化带来的技术进步;同时将科技成果的潜在价值变成现实生产力也必须依靠成果转化。科技成果只有转化为现实生产力,才能更好地体现科技成果的使用价值,才能更好地发挥科技对农村经济社会发展的引领与支撑作用。

一、武汉市农业科技成果转化现状

科学技术是第一生产力,农业科技成果转化是推动农业发展的重要源动力。实践证明,农业科技成果直接或间接地应用于农村经济领域,对农业生产的作用日益凸显,科技对经济发展的拉动力、支撑力、驱动力日益增强。据初步统计,近十多年来,武汉科技成果转化率由 32.9% 提高到 43.3%,推动"十五"农业科技贡献率达到 54%,"十一五"达到 65%,至 2014 年已达到 67%。科技成果转化的巨大作用,促进了武汉农村经济的繁荣,同时也使成果转化各个要素自身得到充分发展。

(一)科技研发能力不断增强,成果生产结构有待改善

科技研发是成果转化的源头,农业科研部门、大专院校等单位是农业科技的生产者和提供者。武汉农业科研实力雄厚,具有得天独厚的科研成果生产优势,研发体系涵盖了种植、养殖、食品加工、微生物等多个领域。中央及湖北省等在汉科研单位,在分子生物、双低油菜、优质瘦肉猪、柑橘、淡水养殖等方面涌现出一批国际领先的

标志性成果；武汉市农科院形成了 22 个优势学科，在水生蔬菜研发、长江鱼类殖养、工厂化育苗等方面形成了特色。在专业技术人员方面，在汉人员达 1.5 万人，每年形成的农业科技成果总数在百项以上。研发人才和成果生产，为武汉都市农业发展奠定了坚实的基础。

虽然科研能力不断增强，成果生产数量较多，但成果结构确需进一步改善。据分析，2011—2013 年，武汉登记的农业科技成果 145 项，其中原理性成果 46 项，占 31.7%；方法性成果 72 项，占 49.6%；产品性成果 27 项，占 18.6%。按照国家科技成果转化法的规定，科技成果转化为生产力，主要是应用性成果，而且应主要为产品性成果。根据本课题组调研数据分析，方法性成果转化率可达到 35%，产品性成果转化率可达到 80%。若依此推算，在 145 项登记成果中，其转化率仅为 31.7%。由此可见，研究结构决定成果产出结构，应用性成果的比例与转化率的高低密切相关，调整和改善科研成果生产结构，对科技转化为现实生产力有着重要的影响。

（二）农业增长更多依赖成果转化，应用主体综合素质有待提升

科技成果转化实质上是先进科学技术在农业领域广泛应用的过程，是用现代科技及装备改造传统农业的过程，是用现代农业科技知识培养和造就新型农民的过程。科技正在加速应用于现代农业建设的全过程，现代农业也在依赖科学技术中得以发展。比如汉南区东荆街赵云家庭农场，53 亩（1 亩约为 667 平方米，全书同）耕地应用大棚西瓜一播多收技术，总产值达到 53 万元，纯收入 26 万元。成果转化推动农业进步，实质是科技应用主体综合素质的反映。农业生产劳动者是农业科技成果的直接使用者，是科技成果向现实生产力转化的主体。随着农村改革的不断深入，成果应用主体正在发生深刻变化。当前，武汉市农业科技成果应用的主体已经由过去单一的农户经营，发展为企业、专业合作社、家庭农场以及种养大户的多元经营。据有关资料分析，截至 2014 年 4 月，市级以上农业产业化龙头企业达到 283 家，从业人员 5 万余人；农民专业合作社总数达 2 066 家，入社成员 4.7 万人，联结带动 23.7 万非成员农户；家庭农场 1 962 家，农业产业化覆盖农户达 50 万户。这些新型的农业经营主体正是未来农村科技成果转化的典型。虽然如此，当前农业发展面临着一个严峻的现实：就是随着城市化的进程，武汉市农业劳动者主要是"38"、"61"部队，即农村多为妇女、老年务农人员，"田由谁来种"的问题日益显现；近年来由工商业向农业转移的农业企业家以及农民专业合作社等仍在成长之中，农村总体上成果转化能力十分薄弱。据有关组织对 15 个发达国家的综合评估，由于科技贡献率和劳动者科技文化素质不断提高，每个农业劳动力每年生产谷物 25 吨，生产肉类 3~4 吨，分别相当于我国平均水平的 20 倍和 14 倍。我国同世界先进水平差距依然很大，农业科技成果应用

主体素质提升的重要性愈发凸显。

（三）科技推广体系建设不断完善，"最后一公里"有待改进

农业科技推广体系是成果转化系统的中心环节，也是成果转化系统的重要要素，其根本任务是把农业科研成果介绍给应用主体，是实现科技成果向现实生产力转化的桥梁和纽带。目前，承担推广职能的典型组织是农业部门、科技部门、中介组织等，大学和科研院所虽然是科技成果的生产者，实际上他们也是成果转化的重要角色。武汉市农业局是科技成果推广的主管部门，负责全市农业产业技术体系建设，承担农技推广体系建设和农业新技术引进、成果转化和推广等工作，下设有农业技术推广站、蔬菜技术服务总站、种子管理站、农业信息中心、农产品检疫检测中心、水产科技推广培训中心、重大动物疫病防控中心、农业机械鉴定推广站等推广单位。各新城区和各乡镇街道也设立了农技服务中心。近几年，利用国家"基层农技推广体系补助项目"资金，覆盖建设 71 个基层农技推广机构，核定农技指导员 631 名，指导农业科技示范户 6 310 户，其主推品种落实率达到 97%，辐射户达到 90% 以上。武汉市科技局是农业科技工作的主管单位，建有成果转化中心等公益性公共服务平台。该局面向"三农"构建"全链条、全要素、全社会"服务体系，实施星火培训、农技 110 以及农村信息化建设，开展农业技术供需对接洽谈，科技下乡等活动，编写新品种、新技术、新模式资料达 120 项，在 6 个新城区选定 66 个村、269 个示范户，其中，30 个村、160 个示范户被授予"武汉市星火科技示范村（户）"，有力地提升了科技成果转化服务能力。

但不可讳言的是，由于推广体制和机制不尽完善，"二传手"难以有效地发挥桥梁和纽带的最大效能，最后"一公里"问题未能得到真正解决。即便是以研究为核心，同时通过技术咨询等手段服务农村和企业的大学及科研院所，虽然做了一些成果转化工作，但却因选题与实际相距甚远，影响了成果的应用和转化。

（四）政府主导成果转化作用明显，市场拉动成果转化仍需培育

农业科技成果转化，因其公益性较强，政府发挥着主导的作用。一是服务方面，形成了一些行之有效的做法，比如，选派农业科技人员进村、探索科技服务承包、科研院所建立示范基地、建立科技示范户、开展农业科技培训等。二是合作方面，推动官、产、学、研合作。如建立专家大院，即通过聘请科技专家，建成一个科技培训基地，孵化一批科技型企业，把科技直接导入农村，为农业发展和农民增收注入活力。三是教育方面，通过科技培训，引导农民转变观念，调整种植和品种结构，发展优质、特色、高效农业，帮助农民开辟新的增收渠道，培养新的经济增长点。四是在政

策方面，武汉市人民政府制定了《关于深化高校、科研机构职务科技成果使用、处置和收益管理改革的意见》（以下简称"汉10条"）并颁布实施，创造"政策洼地"，助力科技成果转化。市农业局出台了《关于进一步加大农业科技示范户信贷支持实施意见的补充规定》，着力提升农业科技示范户融资能力、致富能力和辐射带动能力。

市场的决定作用在成果转化中也初步显现。武汉市首创农村产权交易所，创造了"四带动"即龙头企业带动、主导产业带动、集体经济组织带动、吸纳社会资本带动等一批具有武汉特色的土地流转模式，建设并扶持家庭农场167个，土地股份合作社试点20个，为农业科技成果转化奠定了一定基础。如江夏区依托农业合作社，组织农民种植3万亩南瓜、10万亩太空莲，汉南区的甜玉米、东西湖及新洲薯尖种植等，都让农民赚了钱，显示出了市场推进成果转化的重要作用。

应当看到，虽然政府在成果转化中起了主导作用，但行政措施有时失当，如黄陂区的芦笋种植，小龙虾养殖，投资了很多经费，却以失败告终。武汉市农村综合产权交易所仅在农业土地资产上开展交易，技术与成果的交易尚未破题。

二、武汉农业科技成果转化存在的问题及原因分析

农业科技成果转化是由众多要素构成的有机系统，这些要素包括科技成果的生产者、科技成果的应用者、连接生产与应用的传播者以及政府和市场等，他们相互依存、相互作用、相互制约，共同影响着农业科技成果的转化效率。

（一）武汉农业科研成果生产主体存在的问题

科研成果的生产是成果转化的源头，成果的实用价值直接影响转化的效率。武汉科研成果生产存在的问题表现在4个方面。一是存在"虚胖"现象。武汉作为一个科教大市，是全国第二大智力密集区，第三大科教中心，涉农高校科研院所林立，为武汉都市农业发展提供了智力和成果支持。但由于科研工作主要进行的是基础性研究，即便是实用性技术研究，大都是面向全国和湖北省，针对性和实用性同武汉农业产业结构和城市"菜篮子"需求有些差距。这就导致"虚胖"现象，看上去成果多，适合武汉的少，致成果转化率相对偏低。二是存在"脱节"现象。主要是科研与生产、市场脱节。科研单位过多关注基础研究，对应用技术研究的重视不够。表现在科研选题多数是从基础理论研究、学术水平上考虑，没有真正做到从生产、企业需要中选题，没有真正的抓住市场需求，忽视成果实用和推广价值，使得科技成果与生产及市场脱节。三是存在"寡蛋"现象。表现在研究者只注重技术过程的研究，而轻视实践检验过程，导致成果本身的完整性和实用性较差，影响其转化。不少农业科技成果在

鉴定前只是完成了试验研究任务，却未将今后推广、示范工作纳入考量范畴。农业科技成果大多都是在一定的生态地域条件下取得的，并不是在任何条件下都适宜。是否适合当地采用，只能通过针对性的区试加以验证。一些地区在成果采用中损失严重，几乎都与忽视示范环节有关。由于对农户、农场、农企等技术采纳方的经济合理性、应用可行性考虑不足，或因受人力、财力、物力的制约，一些技术因无法实施而搁浅。四是存在"空巢"现象。表现在科技成果中增产性技术比重过大，品质效益性技术相对不足；适于大面积推广应用的技术较多，而适合农民特殊需要的相对不足；用于农业产中环节的技术比重较大，而产前、产后的技术较为薄弱。上述科研结构上的"空巢"现象，影响了转化链条的完整和通畅。

（二）武汉农业科技成果应用主体存在的问题

农户和农业企业等，是农业科技成果的应用主体，也是成果转化的受体。他们是直接从事农业生产的劳动者，位于农业科技应用的终端。应用主体存在的问题有：一是受农户土地规模过小的限制。现阶段农户土地规模的超小化、凝固化，制约了许多科技创新成果的应用。一些有较高收益潜力的新技术成果，因土地规模过小，势必会给购买成果使用权的农户带来机会损失，进而抑制其对新技术的采用动力；另外还可能因为缺乏投资能力，致使部分科技成果因缺少配套性设施，致使实际效用大打折扣。二是受劳动者素质过低的限制。现有从事农业生产的农民中，系统受过农业技术教育者不足1%，有一定文化水平的农民基本外出打工，向第二、第三产业转移。农业劳动者是农业科技成果转化的最终受体，他们素质的高低，直接影响着成果能否顺利地完成转化。三是受成果转化动力不足的限制。目前，武汉市大多数农业应用主体缺乏科技需求的顶层设计，对新技术和新成果的更新缺乏前瞻性。特别是中小型农业高新技术企业，发展的寿命太短，平均寿命5年左右，还未形成规模就因各种因素而夭折，形成不了企业对各类技术的持续需求。四是受应用主体心理障碍的限制。由于所处的自然地理和社会环境不同，应用主体对新技术的采用会有不同的心理表现：如不愿轻易抛弃传统技术的守旧心理、害怕担风险的求稳心理、容易满足的惰性心理、喜欢随大流的从众心理、急于求成的现实心理等，这些都时时刻刻影响着他们接受新技术成果的态度，进而影响成果转化的范围和速度。此外，由于农业技术市场的运行机制尚不完善，农技成果交易出现的秩序混乱、假冒伪劣现象又使农户形成新的心理障碍。

（三）武汉农业科技推广主体存在的问题

推广主体是连接成果生产和成果应用的纽带和桥梁。推广主体存在的问题有：一是农业推广体系不协调。农业推广部门内部市、区、乡、户"三级一户"推广体系尚未形成有效的运行机制，导致推广效益不高；农、科、教尚未联结成整体，由于各自目标和价值取向不同，导致互助合作不够；高校科研院所承担着国家、省、市科技创新的重任，从事"三农"服务的精力和推广力度有限。二是农业推广经费投入不足。农业推广部门较为弱势，往往是机构改革和调整的对象，经费投入的连续性和稳定性差，导致试验示范基地和推广手段落后，公益性服务功能被大大削弱。一些应该进行的培训、试验、示范，因经费短缺而无法进行，农业推广体系曾发生过的"网破、线断、人散"现象一时难以根本性改观。三是农技推广人员严重不足。据有关资料显示，武汉市有 1/4 的专业人员"跳槽"改行，农业推广人员只占全市农民总数的0.05%；仅有的农业推广人员，多数长期工作在一线，靠实践经验积累而成的"土专家"，真正从大专院校、职业学校毕业而从事农业推广工作的人员极少；推广人员知识结构单一，不能很好地适应现代农业发展趋势，不适应广大农民对新技术、新成果、新模式的需要。四是推广主体的政策保障力度不够。在聘用农业技术推广人员制度上，还未建立完整、科学的考试、培训和职称评定制度，在相关的法律法规上，尽管我国已经颁布实施《中华人民共和国促进科技成果转化法》、《中华人民共和国农业技术推广法》等法律法规，但有法难依、执法不严的情况时有发生。

（四）武汉科技成果转化"两只手"存在的问题

科技成果转化是多种要素共同作用的结果，其中，政府推动和市场拉动都是重要的要素。当前政府和市场这"两只手"存在的问题主要表现如下。

技术市场的培育明显滞后。农业技术市场能够在供给方和需求用户之间传递农业科技并将其应用到农业生产中，是农业科技成果与农业经济产生联系的中介环节，在价格、信息、资源配置等方面对成果转化发挥重要作用，农业技术市场为农业科技成果转化实现价值和使用价值提供了新的途径，通过"技物结合"，物化型农业科技成果以实物为技术载体，以产品进入市场交易或有偿转让进行推广，从而实现农业科技成果的直接转化。目前，武汉市农业技术市场的发育明显不足，对农业科技成果转化应用的力度和贡献都较弱。科技服务业在发展中缺乏必要的约束机制，导致技术交易诚信严重缺失，人为炒作、哄抬价格、以假充真，以次充好等坑农害农的现象屡有发生；中介服务机构发展滞后，科技博览会、交易会、知识产权评估与交易等成果转化的服务型中介组织缺乏既懂技术、又懂市场的复合型人才。此外，金融工具也还未深度介入成果转化领域。

政府和市场之间的关系缺乏协同性。现有成果从科研立项、研发、试验、成果转化到产业化，主要依赖政府推动，而政府不可能迅速准确地传递市场上的一切农业信息，很可能造成农业科技成果转化与用户需求相背离。最为突出的是"两张皮"问题。武汉市科技成果的生产目前主要集中在大专院校、科研院所，基本上游离于生产和企业之外。农户和企业面对市场的激烈竞争，急需合适的科技成果，但却得不到所需要的科技成果，科研单位的科研成果不能满足应用主体的需要。由于科研成果生产与成果应用分属于两个独立的利益主体，双方的利益和风险难以协调和保障，"两张皮"的问题就成为科技成果转化难的深层次原因。为了推进科技成果转化，省、市先后制定和出台了促进科技成果转化的十条规定等相关文件精神，但是缺乏配套实施细则，落实较难，成功案例也很少，有些优惠政策和激励条件还很难落实，科技人员发明创造和成果转化的积极性并未得到调动。科技人员是第一生产力的载体，他们既是科技成果的创造者，又是成果转化的推动者，因此，能否充分发挥科技人员的积极性，是科技成果能否尽快转化为现实生产力的关键问题。

三、武汉市农业科技成果转化政策措施

农业科技成果转化是多种因素共同作用的结果：科研成果生产作为源头，其实用价值直接影响转化的效率；成果应用主体的素质则决定成果转化的成败；成果推广主体则影响成果生产与成果应用连接的状况；政府推动和市场拉动也在成果转化中起着不可替代的作用。农业生产活动不同于工业活动，受地域、自然条件、社会条件等因素影响大，具有周期性长、地域性强、风险性高和不确定性等特点。推进农业科技成果转化应充分考虑上述各种要素的相互作用及农业的特点，从影响成果转化的实际出发实行综合施策。

（一）加强应用性技术开发研究，从源头上奠定成果转化的基础

逐步加大开发研究的投入比重，从源头上解决农业科技成果滞留实验室的现象。鼓励支持高校科研院所从事应用技术研究开发、成果商业性开发，从生产第一线寻找研究课题，从解决生产技术问题入手进行选题，从源头上提升研究成果的应用转化率。鼓励科研人员选择对国民经济发展有实际贡献的研究课题，参与有良好应用前景的产业开发项目；促进高校科研院所科研人员以研究成果服务企业、产生经济效益、填补技术空白为科研目的。着力打通从科研成果到产业化、商品化的通道，构建从实验室研究到放大实验、中间试验、试生产的完整科研产业链，实现从实验室成果到产业化试验的放大和验证，最终实现成果商品化。

大力推动高校科研院所开展产学研合作。组织科研人员跟踪行业关键技术走向，主动参与高校科研院所前沿新技术的应用开发研究，对接科研成果中间实验和扩大试

验，寻找产业化路径。

设立农业产品性成果研发基金，对新品种、新产品等的研制，给予50万元支持；对没有得到相关部门支助，近五年内取得的新品种、新产品，给予"后补助"；对产品性成果取得重大使用推广效益的团队或个人，可视情况一次性奖励50万~100万元奖励。

（二）以培育新型职业农民为抓手，培养现代农业生产经营者队伍

从根本上提高农业劳动者的素质和接纳新技术的能力，有利于克服各种传统的心理障碍，从而进一步促进新技术、新成果的推广。俗话说："十年难熬个种田佬"，我们应采取措施鼓励和培育新兴职业农民。一是加大新型职业农民教育培训投入力度。凡中专毕业从事农业生产8年以上，政府一次性奖励5万元；凡大专毕业从事农业生产8年以上，政府一次性奖励8万元；凡大学毕业从事农业生产8年以上，政府一次性奖励10万元；凡硕士毕业从事农业生产8年以上，政府一次性奖励15万元；凡博士毕业从事农业生产8年以上，政府一次性奖励20万元；凡自学成长，取得学历，除报销学费外，享受同等待遇，树立职业农民光荣感。二是设立新型职业农民职业教育专项资金，对专业大户、家庭农场主等新型经营主体接受职业学历教育的，实行免学费和国家助学政策。三是引入与市场机制相配套的激励机制，对应用主体实现成果转化和实施成果产业化的，给予奖励激励，造就蔚然成风的成果应用景象。

（三）加强农业科技推广体系建设，着力解决科技成果"一步路"问题

建设农业科技示范推广基地，促进农业新技术成果熟化、配套和提供示范、培训场所，为带动大范围区域发展积累成熟的模式、技术和经验。市、县、乡、村推广组织都应成为科技成果转化的基地，促进形成一个相互联系、职责分明的有机体系。市、县级负责新成果的引进、试验；乡级负责示范；村级重点是推广，各司其职，密切配合。

加强农业中试基地建设。配备相应的科技人员和必要的启动资金，联挂大中专院校、科研院所，面向市场开展工作，将试验、示范、推广相结合，集开发、服务、经营于一体，形成具有实体性质，以农业综合配套技术的研究、成果推广为主要内容的，以综合科学实验、示范场（区）、生物技术园区等为基本类型的成果转化和产业化网络体系。

将区、乡（镇）的农业技术推广等公共服务机构所需经费纳入地方财政预算，实现在岗人员工资收入与基层公务员工资平均水平相衔接。建立健全考评机制，重奖实绩突出的推广人员。

（四）发挥高校院所人才"蓄水池"作用，适时向成果应用单位"抽刟放水"

以院校科研院所优越的科研、工作、生活条件为基础，吸纳科技人员形成"蓄水池"，将其作为"科技专员储备库"，适时向成果应用单位"抽刟放水"。引导科研人员树立面向经济建设、推进科研成果应用的意识，从根本上解决科研与经济"两张皮"的问题。支持研究人员深入企业帮助解决技术难题，合作开发新技术、新产品。鼓励拥有科技成果的科研工作者带成果出去创办企业，或到接受成果转让的企业去指导成果转化工作，共同进行扩大试验和试生产工艺研究；鼓励科研人员到企业去兼任科研项目负责人，协助企业吸收先进技术、开发前瞻性技术。借鉴发达国家做法，对市立农业高校科研院所科技人员，实行每年20%～30%的时间到乡镇"掌作"，培训指导当地农业推广人员；对于已经取得事业身份，愿意从事农业科技推广、到企业任职的科技人员，给予长时间保留其事业身份的优厚待遇，其是否回事业单位工作，不受时间限制；在企业创业期间，保留事业单位编制、创业期间原聘任岗位、档案工资正常晋升，优先拥有专技正常晋升权益。

（五）建立科技成果转化奖励资金，从激励机制上促进成果转化

建立政府农业科技成果转化奖励资金，制订科研人员科技开发成果奖励措施，对在科技成果转化中做出贡献的科研人员进行奖励，对有重大贡献的科技人员实行股权奖励或按新产品销售额比例分成奖励；细化和完善自主处置科技成果的相关制度，将农业科研成果处置权下放给单位或团队，其收益权归团队或个人所有；确立科技成果转化利益分配制度，正确处理职务成果同科研劳动者的关系，充分肯定科研工作者在成果研发、转化过程中所付出的辛勤劳动，激发科研工作者的积极性，形成"劳有所得、成果共赢"的局面；支持并鼓励科技人员以成果创办企业，或以技术、资金、信息等形式入股参股企业，推进实现农业科研单位人员收入多元化；推行股权激励，对持有创造发明成果的科技人员，可给予期权股，并享有分红权，对开发绩效显著的成果，若干年后可以获得股份所有权。

（六）优化成果转化财政资金结构，推行农业科技成果政府采购

按成果转化和产业化项目单独编制预算，实行以成果项目为基准的"一揽子"管理，做到投入重点化，支出项目化，管理科学化。设立政府农业科技成果转化和推广专项资金，按照农业科技成果转化的规律安排支出结构：一是建立政府"科技成果转化中试资金"，主要投向研发主体和应用主体联合中试项目，确立批量生产工艺条件，

帮助其承担一部分试验风险，以提高应用主体吸收新技术、开发新产品的积极性；二是建立"重大科技成果产业化转化资金"，支持应用主体对重大成果项目进行大批量试生产的"产业化试验"，促使成果走向市场；三是建立成果转化担保贷款补偿资金，对风险投资机构投资武汉市重大农业科技成果转化项目失败所造成损失给予补贴，引导鼓励风险投资机构为重大科技成果的产业化转化提供服务；四是实行农业科技成果政府采购政策。建立新技术、新产品、新模式（服务）需求推荐目录，实行类似于家电补贴、粮食补贴政策，按应用新技术、新产品、新模式等科技成果的规模与自身取得的效益给予补贴。

（七）加大培育科技成果交易市场，发挥市场配置资源的决定作用

充分发挥市场在科技立项中的导向作用。政府职能部门应根据市场实际需求，论证评估和甄别筛选项目，农业研究机构和研究人员，也要改变眼睛只盯着政府课题的倾向，根据市场需求确定课题，为生产实用型成果创造先决条件；集中选择一批市场需求大、优势明显的科技成果进行产业化开发。对可物化的技术成果如农牧业品种，可将其培育、繁殖、加工、包装、运销连成一个完整的产业链条，为成果应用提供系统服务；鼓励支持企业积极引进最新的、前瞻性的科研成果进行中试、孵化，积极参与或介入高校科研院所的实验室阶段研究。积极培育具有竞争力的民营科技企业，为它们的发展提供制度政策上的保障，并创造有利于其发展的条件。

面向市场，大力发展农业科技服务业。发展中介、经纪、信托、咨询、知识产权及科技信息等多种业态。鼓励民营企业及民营资本参股和进入科技服务业，形成以技术交易、技术咨询、技术评估、经营管理、风险资本及人才信息为主要内容的科技服务体系。金融机构要积极支持有利于经济转型和结构调整的成果转化，不断开发适合于高科技项目的金融新产品，帮助成果应用主体理顺资金流管理，对信誉好的提供低息、长期的优惠贷款。

完善技术交易市场的监督约束机制。解决交易中违法违规操作、巧立名目、盘剥农民利益的问题，坚决制止、严厉打击以次充好，以假充真，严重危害农民利益和市场秩序的不法行为，为农业科技成果的转化创造良好的市场条件。

（八）建立面向基层的成果转化导向，大力培养全职农业推广力量

农业、农村、农民是一个十分复杂的系统，对科技知识的需求，正好同科研工作高度分化相反，呈现出高度的综合，需要有一批全能型推广人员，否则难以胜任"三农"对科技需求的多样化。一是要大力培养面向乡镇的全能型农业科技推广人才。改革高校科研机构和农业推广人才评价、聘用模式，加大人才向基层一线流动。要针对

当前武汉市科技成果转化的渠道设立不同的评价指标，特别是要大力培养面向乡镇的全能型农业科技推广队伍，创新其评价和激励机制。二是在农业科技人员的考核评价体系中，将科技成果转化作为职称评聘的重要指标纳入考评体系。重视推广与转化效果，将科技成果转化带来的经济效益和社会效益视同论文、成果，对在技术转移、科技成果转化中有突出贡献的，可破格推荐申报职称资格。三是设立农业推广职务职称系列，设置初、中、高3个层级专业技术岗位，专门对应从事农业科技推广或涉农企业的技术人员。在职称待遇安排中，推广系列应与研究系列享受同等对待，包括与从事专业研究的科技人员同台竞聘专业技术岗位，从根本上解决农业推广系列人员待遇偏差的问题。

武汉城市圈农业科技创新体系研究报告

一、对农业科技创新概念与特征的认识

为了本课题研究的方便，编者在开篇时对城市圈农业科技创新体系所涉概念及相关内容先行做些铺垫性探讨，以便于展开对其的分析。

（一）本课题所涉概念的内涵

1. 武汉城市圈

武汉城市圈是指经国家批准的武汉"资源节约、环境友好"两型社会综合示范区范围内的城市，包括武汉、黄冈、孝感、咸宁、黄石、鄂州、仙桃、潜江及天门市。

2. 农业科技创新

对农业科技创新概念的定义，目前尚未看到一致的提法。综观所收集的文献资料，结合农业科技工作的实际，编者对农业科技创新作如下定义。

所谓农业科技创新，是指根据农业发展需求，构成农业社会化专业服务的相关单位，研发新技术产品、运用新组织形式、采用新体制机制，推进农业经济发展并取得实际效果的活动或过程。包括3个方面的含义。

第一，是通过开展应用性研究，开发新产品、新工艺、新服务并引入市场实现其价值的活动或过程；

第二，是把新的组织形式比如新思维、新方法、新手段引入农业经济取得相应效果的活动或过程；

第三，是把新的体制机制引入农业经济并推动农村社会经济发展的活动或过程。

上述3个方面，构成农业科技创新发展变化、有序整合、前后相继、互相关联的整体，共同作用于农业经济发展，统一于农业经济发展的整个活动和过程。

3. 农业科技创新体系

这是本课题要探讨的主要议题。所谓农业科技创新体系，是指服务和推进农业经济发展的社会组织、知识成果、体制机制连接而成的相互关联、有机联系的网络系统。由于农业经济是一个综合的复杂的系统，作为推动和实现它的农业科技创新本身，也必然是一个多因素组成的网络系统。按照目前的认识，该网络系统至少应该包括 3 个要素：即主体要素、对象要素和规则要素。

主体要素是能动要素，也是这个系统中最重要的要素，包括政府及其部门、农业科研机构、农业教育单位、农业推广部门、农业企业和农业生产者；对象要素是主体要素作用的对象，是实现一定时期的目标而必须运用的科技知识、科技手段和科技方法的总称；规则要素是连接主体要素和对象要素并使其有序运行的规则总称，它是基于对农业经济运行规律的认识而形成的行为规范。上述主体要素、对象要素和规则要素统一于科技创新体系，作用于农业经济，它们相互联系、相互依存、相互作用，形成科技创新的实际效应。

（二）农业科技创新的特征

社会化分工形成不同的部门，不同部门的科技创新具有不同的特性，与工业部门的科技创新相比，农业科技创新具有以下几个显著特征。

1. 地域性强

地域性强是指农业科技创新强烈受到地理气候、自然资源、社会条件制约的特性。马克思多次指出，农业再生产是经济再生产与自然再生产的统一。由于农业生产的对象是有生命的植物和动物，它们同化某地自然环境和气候条件，形成适应于不同地域环境的生长发育规律，造成创造或控制动植物生长内外因素的方法措施、物质手段、操作程序等之间的地域差异。比如新品种选育推广，在生产应用上受季节、空间的限制十分明显，在一个地方能种的，换个地方就不一定适合种植，这是为什么农业科技很难整体扩散与转移的内在因素。地域性强是农业和工业的重要区别，工业上的技术产品原则上可以推广应用到全国及世界范围，较少受到地域环境的影响而农业技术成果的大面积推广和应用，则受自然环境的制约。农业科技创新的地域特征，要求必须遵循"因地制宜"的原则，实行技术"本土化"或"本地化"战略。

2. 风险性高

风险性高是指农业科技创新在研究开发阶段和推广应用初期的不确定性及风险性特征。马克思指出，农业是自然风险和社会风险相互交织的产业。因此，农业科技创新活动比其他产业的科技创新所涉及的因素更多，也更复杂，从而使它也具有更高的风险性。这些风险性主要表现在：一是农业科技发明创造难。农业新品种的培育跟工业研究不一样,农业科学研究主要是探索生物内部规律及其与外界因素的关系,因而它的发明创造周期较长、难度较大,充满不确定性。二是农业科技推广难度也较大。由于科技应用不仅受到推广组织、推广方式以及推广人员素质的制约,还受到自然地域、市场环节、农民素质等因素的影响,因而农业科技推广在应用初期或应用阶段也存在着较大的难度,亦充满不确定性。所有这些难度都意味着农业科技创新的介入较难,风险系数较高,也意味着农业科技创新需要有更大的抗风险能力。

3. 公共性广

公共性广是指农业科技创新产品所承载的公共服务、公共责任广泛的特性。具体表现在两个方面:一是农业科技创新面向的是广大的农民,这个弱势群体消化科技创新成本的能力十分有限,科技成果必须以廉价的方式让农民应用,成果的效益尽量留在农民手里。二是农业科技创新承载着更多的社会功能,农业科技转化的效益被分流到各个方面,既要争取更多的经济效益,同时还要支撑社会效益和生态效益,这就是所谓"农业是安天下产业"、"基础产业"和"母亲产业"的原因。所以,公共性广是农业科技创新的又一个重要特性。

4. 交互性多

交互性多是指农业科技创新受社会化分工、专业化生产与自然气候等诸多因素关联、交叉、互作的特性。这是因为:第一,农业科技创新受农业生产诸要素的相互作用和影响。创新涵盖农业产前、产中及产后多个领域,以生物科学技术为主,辅之以工业、资源环境和信息等方面,它们相互依赖,缺一不可。第二,农业科技创新受系统诸要素的相互作用与影响。仅以主体要素而言,政府及其部门的政策、环境和投资,农业科研机构的科技生产、供给状况,农业企业和农户对科技的需求和应用状况,这些都直接影响创新的效果。农业科技创新在主体要素里尚且如此,由主体要素、对象要素和规则要素共同作用的情况就更不言而喻。农业科技创新交互性多的特征,要求农业经济活动既要按动植物生长发育规律进行组织,还要求创新要素紧密合作,有机联动。

二、城市圈农业科技创新的现状与作用

(一) 科技创新体系的现状

城市圈现有的农业科技体系,依其行政建制及其沿革大致可分为3类。

1. 省会城市武汉市

农业科研:市级科研单位设有武汉市农业科学技术研究院,下设武汉市蔬菜科学研究所,武汉市农业科学研究所,武汉市林业果树科学研究所,武汉市畜牧兽医科学

研究所，武汉市水产科学研究所，武汉市农业机械化研究所，武汉生物技术研究中心。区级科研单位仍然保留有农科所、畜科所等。

农业教育：设有武汉市农业学校，武汉市农业干部学校（建制在武汉市农科院）。

农业推广：市级设有农业技术推广站，蔬菜技术推广站，站内设有种子、植保、土肥、栽培等相关专业。区级与市级推广单位相衔接，基本上都设有农业技术推广中心。乡镇级设有农业服务中心。

2. 由原来地区行署沿革的城市

包括孝感市、黄冈市、咸宁市。市级的科研、教育、推广机构仍然存在，并在一定程度上发挥着作用。

3. 由原来县级单位建成的城市

包括仙桃市、潜江市、天门市、黄石市、鄂州市。市级单位仍然保有科研与推广机构，乡镇级设有农业服务中心。

（二）科技创新的作用

限于资料的占有性，仅以武汉农业科研、教育、推广的情况对农业科技的作用做些阐明。

新中国成立以来，特别是党的十一届三中全会以来，农业科技面向经济建设主战场，在农业生产中发挥了应有的作用，具体表现在以下几个方面。

1. 生产科技知识成果，支撑农村经济发展

在继 20 世纪中叶"高改矮"、"单改双"、"常改杂"，实现粮食生产的革命性变革之后，农业科技在更广的领域进行了不懈的开拓，为推动农业产业的发展提供了不竭动力。"十一五"期间，武汉共组织农业科技攻关计划 136 项，关键专项技术攻关 60 项，市级以上获奖 167 项，申请专利 110 项，研制新产品 89 种，制定产品与方法新标准 78 项，在双低油菜、转基因水稻、瘦肉猪、柑橘、鱼类转基因工程育种、生物农药、植物组织培养及快速繁殖技术、水生蔬菜等领域，取得了一批国际领先的标志性成果。

2006—2010 年，全市引进和培育的农作物新品种达 210 多个，其中经省品种审定通过的有 91 个，引进利用 119 个，建有各类原种、良种场和种子种苗基地 307 个，主要农产品的优良品种覆盖率达到 91%。番茄、辣椒、萝卜、莲藕、茭白、马铃薯、甜玉米、茄子、黄瓜、西瓜、甜瓜、丝瓜、瓠瓜、南瓜、红菜薹和芦笋等蔬菜作物新品种成功选育和引进，极大地丰富了市民的"菜篮子"；畜禽和水产品的品种改良和规模化养殖，使畜牧水产养殖业科技进步贡献率达到 50% 以上。

2. 提升农业科技含量，促进产业结构优化

据不完全统计，全市农产品正规化基地达到 93 万亩，食用菌发展到 850 万平方

米；放养水面发展到 153.3 万亩，水产品产量 39.3 万吨，其中名特优占 66.2%；规模化畜禽养殖小区 112 家；蔬菜保护地设施栽培面积达 50 万亩、高效作物滴喷灌面积近 1.6 万亩；农机化综合水平达 56%。全市优势特色农产品已逐步形成区域化布局：新洲的食用菌、蔬菜和禽蛋，黄陂的芦笋、种业和水禽，江夏的生猪、名特水产、蜂产品和花卉苗木，蔡甸的莲藕、西甜瓜和藜蒿，东西湖的瓜菜、奶业和小龙虾，汉南的水产、甜玉米、蔬菜、农机及洪山的菜薹等特色产业。2009 年全市实现农业增加值 147 亿元，完成农业总产值 251.79 亿元。

3. 发挥公共产品作用，促进体制机制变革

科研院所长入农业经济，彰显公共服务的有效作用。武汉市农科院以服务"三农"为主旋律，形成了"做给农民看，带着农民干，给农民作示范，让农民有钱赚"的武汉模式。一是实行局、院合作，把成果转化与全市农业总体部署对接起来，形成了推广一项成果、集成一套技术、建立一片基地、服务一个产业、致富一方农民的机制。二是实施区、院合作，把科技研发与一村一品产业对接起来，围绕区域个性需求，前移科技服务助推特色产业的发展。三是输送科技干部，把科技应用与领导班子的配置对接起来，为科技推广提供了强有力的组织保障。四是组建城市圈联席会，把科技辐射与技术合作对接起来，有效探索了科技资源的合理配置与共享模式。

以企业为主体的科技创新，实现经济和社会效益共同发展。截至 2009 年，全市共有区级以上农业产业化龙头企业 230 家，市级农业龙头企业发展到 178 家，省级农业龙头企业 41 家，国家级农业龙头企业发展到 7 家，其中过亿元的龙头企业有 66 家，过 10 亿元的有 4 家。2009 年，全市 230 家龙头企业共实现销售收入 260 亿元。

4. 推动都市农业发展，增强区域经济功能

现代农业技术的发展和应用，改变了传统农业的生产方式，赋予了都市农业新的功能和内涵，推动农业在向生产功能、经济功能、生态功能、教育功能、休闲旅游功能多样化方向拓展。呈现出 3 个特点：一是加速了城市圈农业经济布局。在空间上，生态休闲在武汉，高效特色在城市圈；在生产上，加工在武汉，基地在城市圈；在流通上，市场在武汉，产品在城市圈；在科技上，研发在武汉，应用在城市圈；在推广上，培训在武汉，效益在城市圈。圈层相互联系，梯次推进，优化了城市圈的农业经济布局。二是促进了城市圈生态文明建设。循环农业技术措施的实施，退耕还水、六湖连通、湿地水网、绿色通道、绿色家园、碧水蓝天等工程的稳步推进，使武汉先后获得全国造林绿化城市、国家森林城市、全国农业产业化先进城市等荣誉称号，创造了一批在全国具有广泛影响的先进典型。三是提升了城市圈通衢交汇功能。随着高铁时代的到来和半小时城市圈交通建设，武汉市作为华中地区农产品加工、物流、种子种苗繁育和农业科技推广四大中心的地位日益凸显。农产品加工企业 40% 左右的加工

原料来自武汉城市圈，50%以上的种子种苗等农业科技供应辐射周边城市，农产品批发市场80%以上的吞吐量来自外地，武汉乡村休闲游成为3～5小时大城市的重要目的地。

三、省会城市农业科技创新的做法

省会城市（含副省级城市，下同）农业科研院所，依托大城市科技、经济、社会、区位等资源优势，抢抓国家科技体制改革机遇，按照社会主义市场经济的要求，在推进农业发展方式转变中变革转型，形成了其特有的创新策略。

本研究以参加2010年度全国大城市科研院所联谊会成员单位为考察对象，包括东北地区：长春市、哈尔滨市、沈阳市；西北地区：西安市、兰州市；西南地区：成都市；华北地区：石家庄市、青岛市；华中地区：武汉市、郑州市、南昌市；华东地区：杭州市、南京市、福州市、宁波市；华南地区：广州市。总结他们在创新方面的实际探索和经验，从策略层面反映省会城市农业科研院所的走势。

（一）建制结构由专业分割向综合组团转变，打造创新力

建制是农业科研院所的基础，是研究机构、职能、人才、条件的载体，是院所科技创新内在因素的总和。建制结构决定科研功能。省会城市整合科研资源，优化建制结构，重塑和增强自身创新能力，成为该层次的基本策略。

1. 武汉的尝试

党的十一届三中全会后，农业科研迎来了发展的春天，一批专业性科研所相继组建。如武汉市，在1978年9～12月，武汉市政府先后批准成立武汉市农业机械化科学研究所（隶属市农机化服务总公司），武汉市蔬菜科学研究所（隶属市蔬菜局），武汉市农业科学研究所、武汉市畜牧兽医科学研究所、武汉市林业果树科学研究所（隶属市农林牧业局）。初步形成了覆盖大农业的学科门类科研体系。但从体制上看，各科研所分属于各个农业主管部门，研究处于专业分割的状态。为了解决这种状况，1984年6月，武汉市政府整合市属农业科研资源，将隶属于市农口各部门的科研所集中，成立武汉市农业科研中心。1989年9月将其改名为武汉市农业科学技术研究院。之后，武汉市政府又相批准继组建武汉农业干部培训中心、农业生物技术研究中心、武汉都市农业研究院、武汉现代都市农业规划设计院并交由农科院管理。至此，武汉市农科院成为一个集科研、推广、培训、服务为一体的综合型、公益性正局级事业单位。武汉市整合设院的作法成为全国同类城市的范例。

2. 省会城市的跟进

从20世纪90年代后期至今，省会城市追随武汉市并所设院的足迹，纷纷整合科

研资源组建农科院。有的城市将原有的研究室升级成科研所并设立农科院，如宁波市，2000年12月组建宁波市农业科学研究院，内设8个机构，分别为作物研究所、林业研究所、蔬菜研究所、生态环境研究所、生物技术研究所、农产品加工研究所、农业新品种引进中心、农产品质量检测中心等；有的城市虽然仍然挂科研所的牌子但其学科门类实际已是院的雏型，比如，福州市农科所，内设果树、花卉、作物、畜牧、食用菌、生物中心等6个研究室；还有的城市将科研与推广部门整合成农业科研推广中心，如2009年兰州市将原兰州市农业科学研究所、兰州市农业技术推广中心整合重组为兰州市农业科技研究推广中心，内设农作物科技研究推广站、蔬菜科技研究推广站、瓜类科技研究推广站、果树科技研究推广站、植保植检站、土肥与节水研究推广站、经作与花卉研究推广站等8站。从参加省会城市农业科研院所联谊会的统计情况看，至2010年年底，已有62%的省会城市设立农科院并挂牌。

3. 利弊分析

整合设院，符合现代科学技术既分化又综合的发展规律，从体制上奠定了农业科研创新基础。实践证明，建制结构由专业分割转变为整合组团，有利于院所建设自主创新体系、技术服务体系和成果转化体系，促进了学科发展、队伍建设、条件改善、交流合作，大大提高了省会城市农业科研院所的创新能力。但仍然存在一些问题，突出的是设院后科研单位与政府农业主管部门的联系，"各吹各的号，各唱各的调"的现象仍然存在。率先设院的武汉市采取各科研所所长与农业主管部门相关处室处长交叉任职，使科学研究与政府决策对接，虽然缓解了"号"与"调"的问题，但真正解决科研与生产脱节，还需在体制机制完善上深化改革。

（二）学科定位由研究趋同向特色差异转变，提升竞争力

省会城市农业科研院所，根据本地区现代都市农业和"菜篮子工程"的发展要求，建设重点学科，创办特色院所，在业内和所在地区的竞争力不断提高。大体分为5种类型。

1. 地理型

该类院所以市场为导向，将本地自然气候与学科定位结合，推进特色学科建设。如哈尔滨农科院建立寒地园艺学学科和水产养殖技术学科，形成了两支梯次合理、素质优良的学科团队，其中，"寒地园艺学"专业梯队2008年被评为省级重点专业梯队。杭州市农科院研发钱塘江土著鱼（虾）品种20余个，其中，10个品种已达到规模化繁育水平。

2. 资源型

武汉市农科院立足本地水资源禀赋，开展水生蔬菜资源收集、评估及利用。建成

"国家水生蔬菜种质资源圃"，研究出世界上第一支试管藕。育成莲藕、芋头、茭白品种 20 个，推广至全国 20 多个省 160 多个县市。福州市农科所依托本地种质资源，培育出甘薯、甜橙、枇杷等优良品种。

3. 强化型

按照"有所为，有所不为"的原则，强化优势学科建设。如郑州市蔬菜研究所：首创大白菜 AN-15 自交不亲和系，选育的"豫白菜 6 号"荣获河南省科技进步一等奖，连同"豫马铃薯 2 号"和"豫番茄 6 号"等 3 个品种，推广到全国 300 多个市（县）。此外，成都农林科学院的油菜育种，石家庄市农科院的小麦和棉花育种，西安市农技中心的厚皮甜瓜，广州市农科院的甜玉米等，已成为区域内的优势学科。

4. 扩张型

该类院所倡导强化优势学科，发展特色学科，培育新兴学科，不断扩张研究领域。如宁波市农科院，利用水稻籼粳亚种间杂交，育成甬粳 3 号 A 和甬糯 2 号 A，分别填补国内相关不育系选育空白，育成杂交糯稻填补国内粳型杂交糯稻选育空白，选育出的 16 个新品种在浙、苏等 6 省大面积推广；该院还选育出瓜菜新品种 24 个，其中 9 个通过浙江省品种审（认）定，"甬砧 1 号"是目前浙江唯一通过省级认定的西瓜砧木品种。青岛市农科院放大原有大白菜学科优势，利用胞质雄性不育系选育春夏大白菜新品种 20 多个，获得国家新品种授权 1 个，申请国家品种权保护 7 个。

5. 交叉型

该类院所紧紧跟踪农业科技趋势，创建边缘交叉学科。杭州市农科院对"水体修复水质改良"立项研究，效果显著，水质由原来的 IV 类，提高到 II ~ III 类；他们还研制桑枝条粉碎机，利用桑枝发展食用菌栽培。广州市农科院开发雨水回收利用、植物残渣无害化堆沤、频振式杀虫灯等低碳循环节能新技术 20 多项。宁波市农科院"主要创汇蔬菜无公害生产技术研究与示范"获浙江省农业丰收一等奖。

靠"建设重点学科，创办特色院所"，省会城市农业科研院所都有了"当家"学科和"叫得响"的成果，改变了过去课题低水平重复、学科多乱杂设置的同质现象，值得充分肯定。但不容讳言，一些带有基础性、长远性、区域性的课题如土壤、生防等学科被忽视，应注意加强宏观指导以改变这种不利现状。

（三）服务形式由提供成果向综合方案转变，扩大影响力

农业生产是一个综合要素构成的体系，农村是一个技术需求的洼地，仅凭单项技术推广，不但难以显示科研院所的存在，而且也难以满足农业生产需要。省会城市改提供成果为提供综合方案，在服务形式变革上不失为有益的探索。

1. 构建成果转化模式

沈阳市农科院针对本地农业主导产业，推行"实施一个项目，推广一项技术，创

立一个品牌，带动一批农户，致富一方农民"的模式，取得较好效果：畅通了科技人员进入经济主战场的渠道，拉近了科研单位与基层的距离，推动了结构优化调整，促进了农民增收。

2. 组织科技推广行动

兰州市农业科研推广中心实施"一优五化"农业科技推广行动：即优化农业结构，实行产业化经营、标准化生产、规模化发展、精细化加工和社会化服务。走出院门搞科研，面向农村搞推广。推出"特派员＋协会"、"特派员＋农户＋市场"、"特派员＋合作社＋市场"、"特派员＋科研项目"等服务模式，近年来共联系 10 个龙头企业，17 个农民专业合作社，培训 1.58 万人次，发放技术资料 5.5 万份。科技推广行动较好地促进了各项技术的应用。

3. 对接各类专业协会

如西安市农技推广中心，培育和扶持蔬菜产业协会和甜瓜专业合作社。在生产经营过程中支持协会和合作社，引导农民积极投入土地托管和土地入股，2010 年土地托管规模达 5 个乡镇 15 个行政村 3 800 户 1 100 公顷，同时推行"统一购种肥、统一整地、统一种植品种、统一田间管理"，实现了农业经营和农业科技的有机结合。

4. 实施技术集成计划

长春市农科院实施农作物高产综合配套栽培技术推广计划，近年来在全市所属县（市、区）建立农业科技实验示范基地 16 个，总面积 36 公顷，辐射面积 5 000 多公顷。"技术集成计划"在农业科技示范、推广、普及、成果转化中发挥了引领作用。

5. 开发多功能农业

哈尔滨市农科院开展"北方现代都市农业示范园"研究，建立农业科技园，现已成为国家现代农业试验示范基地、中小学生素质教育基地、农民实用技术培训基地、旅游观光和婚纱摄影基地，该项目获黑龙江省科学技术一等奖；南京市蔬菜（花卉）研究所，投资兴建农业多功能园区，建成六大平台：即农业部南方工厂化育苗中心，全国农业科普示范基地，国家 AA 级旅游景区，江苏省现代农业科技园，南京—以色列农业科技园，低碳循环农业院士工作站。上述"两院"，改变科研单纯面向生产的作法，充分挖掘了农业的科研、生产、展示、培训、休闲等多种功能。

（四）体制转型由事业为主向事企互动转变，激活生命力

我国农业科研院所多为公益性事业体制。在这种体制下，"吃饭"靠财政支持，"干事"凭院所运作，难免出现科技成果产业化缺乏动力、科研院所缺乏活力的现象。省会城市农业科研院所尝试"科研为企业提供成果，支撑企业；企业为科研实现价值，反哺科研"的转型变革，事企互动显现出生强大生命力。

1. 以成果为基础创办公司

石家庄市农科院，创建大地种业公司，以现代企业制度、先进经营理念和营销网络宣传，转化科研成果。建立直销式网点、仓储式网点、区域指定营销网点、专营直销网点360个，形成了稳定的成果转化体系，覆盖全省并辐射周边六省，全院科技成果转化率达到97%，实现了自身效益和社会效益双赢。

2. 实施品牌营销战略

郑州市菜科所充分发挥现代企业制度在科技成果转化中的作用，创造条件鼓励和引导开发实体走向市场，加强品牌建设，实施品牌战略，完善售后服务，注重产权保护，提升其"郑研"和"祥龙"品牌美誉度和知名度，不仅推进了自主创新成果的转化，促进了社会生产力的发展，增进了成果价值的实现，而且还使郑州郑研种苗科技有限公司和河南祥龙种业有限公司得到不断壮大发展。

3. 引入股份合作机制

武汉市农科院推动3个层次的科技成果转化：对关系重大疫病防控的科技成果转化实行控股，吸收民间资金和管理组建股份公司；对具有完全市场竞争的成果实行参股，吸引社会资金入股组建有限公司；支持科技人员创办企业，鼓励科技成果入股和科技人员持股，以民营成分为主组建企业。全院科技型企业呈稳步发展态势，据统计2010年全院控股、参股、民营科技型企业科工贸总收入达到3亿元，利润6 000万元，为国家贡献税收近2 000万元。

城市农业科研院所依托自身科技成果，开办经营实体，一直是在探索中的话题。有的院所的尝试就像当年的"小岗村"，敢做不敢说，或遮遮掩掩，个中原因是担心政府有关部门销减编制，减少财政支持，或者硬性实施收支两条线的做法。农业科技是一个公益性十分强的事业，面向的是农民这个弱势群体，支撑的是"母亲产业"，若对其简单地实施事企分离，院所发展、成果转化、农业增效和农民增收都势必会受到影响。在事业单位清理规范过程中，切忌一刀切，应把农业科研院所当作特殊领域，给以特殊政策，鼓励院所先行先试，推进农业科技成果产业化，以促进事企互动而不是分离。

四、农业科技创新存在的问题与面临的挑战

如果说上述农业科技创新内涵的探讨为本课题的进一步研究奠定了一定基础的话，那么，分析农业科技创新中的问题和挑战，也是本课题的题中应有之义。

（一）存在的问题

改革开放以来，农业科技整体发展水平有了长足的进步，为农业综合生产力的发

展提供了强有力的支撑，但与现实要求仍有较大差距，具体表现如下。

1. 科技创新供给与生产需求不平衡

其基本的情形是，生产上需要的技术严重供给不足，总的状况是创新滞后于生产需求。比如一些畜产品、园艺产品的品种和重大农业装备还主要依赖外部供应；农林牧渔各业产前、产中、产后等系列技术集成、配套不够；提高农业资源的利用率、劳动生产率和农产品商品率的技术成果供给不足；拓展农业多功能，延伸农业产业链的技术成果严重缺乏。解决生产与需求不平衡的问题，成为农业科技创新的关键。

2. 科技投入不足和结构性矛盾并存

近几年，虽然农业科技投入有了很大增加，但与农业科技创新的总体需求存在差距。据统计资料，武汉市农业科研投入占农业 GDP 比重仅为 0.6% 左右，低于 1% 的国际平均水平，科研基础条件不能满足创新的需求。农业科技投入的结构方面，往往偏重于产中投入，产前和产后投入过少，一些长期性和基础性领域，没有形成稳定的科技投入机制。

3. 科技创新的体制性障碍有待突破

"官、产、学、研、用"条块分割、联系松散；农业科研机构缺乏内在动力，科技研究和生产应用存在脱节现象；农业科技服务企业处在发展初期，远远还未发挥主体的作用；基层农业技术推广机构运行机制不活，服务乏力；成果转化与农民素质两个层面都有待改进改善，等等。我国农业科技成果转化率为 30%~40%，远低于发达国家的 65%~85% 的水平，反映出创新体制变革的巨大潜力。

4. 农业科技资源的配置不够合理

农业科技力量配置不够合理，科技人员相对集中在高等院校和研究院所，企业科技力量相对薄弱；种养业科技人员相对集中，农产品加工业、农产品质量安全保障等领域的技术力量相对薄弱；研究力量相对集中，技术推广应用力量相对分散薄弱；在各类科研、示范、推广工作中，还存在着重项目争取，轻项目实施效果的倾向。

（二）面临的挑战

农业作为国民经济的基础产业，作为事关国计民生的"母亲产业"，正在经历着史无前例的转型：农业的发展方式正在由传统农业向现代都市农业转变；农业的经营方式正在由家庭分散经营向适度规模经营转变；农业的经营理念正在由低效数量型向高效精品型转变；农业的生产方式正在由自然状态向工程设施转变；农业的产品形式正在由生产初级原料向精深加工产品转变；农业的增长方式正在由资源消耗向"两型"农业转变；农业的功能取向正在由单一的经济型向生产生活生态多功能农业转变。这一系列转变一方面为科技创新开辟了广阔空间，另一方面对农业科技创新提出了严峻的挑战。

1. 城乡居民食物食品安全的挑战

在武汉 2010 国际都市农业基金会召开的中欧论坛都市农业分会研讨会上，国内国际专家从当今人口环境资源的现实状况出发，提出大城市食品安全的概念是提高城市自身的农产品自给率。武汉作为大城市，面临着人口增长、耕地减少和消费水平提高的三大压力，2009 年武汉市现有耕地面积 306.75 万亩，常住人口 910 万，农村人口 301 万，农村人均耕地仅 1 亩多，在人口、资源与环境的严峻压力下，提高农产品的产量、品质和效益成为发展现代农业的关键。用有限的土地等资源，满足日益增长的人口需求，成为需要特别重视的问题。不断提高综合生产力，保障城乡人民食品食物安全供给，是农业科技创新需要长期面对和不断解决的课题。

2. 城市圈"两型社会"建设的挑战

武汉城市圈获国家资源节约、环境友好"两型社会"综合示范城市，作为承担国家战略任务的武汉农业，如何转变发展方式，建设资源节约型和环境友好型"两型社会"，任务十分艰巨。农业资源利用的可持续问题、工业"三废"污染治理问题、城乡生产生活废弃物开发问题、农业生产环境面源污染问题、农业水体富营养化问题、农业土壤生态恢复问题等，急需在农业基础性、应用性、公共性技术方面，加大创新力度，使农业发展实现从资源依赖型向创新驱动型转变。

3. 拓展现代都市农业多功能的挑战

现代都市农业的一个显著特点是农业劳动不再是单纯的经济功能，而是集生产、生活、生态于一体的多种功能。转变农业发展方式，一个很重要的内容就是根据农业的特性开发多功能农业。如何围绕现代都市农业发展的重点、难点和热点问题，创新优化和调整产业结构、推进农业产业化、推动农业产业升级、提高农业劳动生产率、让城乡人民群众更多地享受"母亲产业"、让农民群众大幅度地增加劳动收入，是农业科技创新迫切需要应对的又一个挑战。

五、农业科技创新体系建设的重要性和必要性

（一）重要性表现

1. 农业科技创新是推动城市圈农业发展的不竭动力

科学技术是第一生产力。"解决农业问题最终还是要靠科技"，科技创新更是农业经济发展的不竭动力，它通过对生产力诸要素进行重新整合，使生产力发生质的变化。科技知识转化为劳动者的技能，提高劳动者在农业生产中的能动性；科技知识物化为劳动资料，创新生产工具，使劳动手段更加现代化；科技创新生产工艺使其更先

进，科技创新经营管理水平，使其更加科学化和现代化。农业发展的历史，实际上是农业科技进步的历史。所以，建设城市圈"两型社会"发展城市圈"两型农业"，必须借助科技的力量，以科技创新作为农业发展的不竭动力。

2. 农业科技创新是解决农业发展障碍的根本出路

随着城市化、工业化的进程，农业环境污染、自然灾害、水土流失、生态修复等问题日益突出，已经成为城市圈农业经济发展的重要障碍因子。如何从根本上解决这些问题，使农业发展与人口、资源、环境、社会、经济协调起来，关键靠农业技术创新。实践证明，农业新技术的应用，可以科学控制生态破坏和环境污染，为科技减灾提供基本手段；农业新技术的应用，可促进土地、山水等自然资源的合理利用，减轻资源、环境的压力；农业新技术应用，可开发替代资源材料，有效缓解资源对经济活动的约束。总之，要解决日益严峻的发展障碍，实现农民持续增收和农业持续稳定增长，必须从根本上依靠农业科技创新。

3. 农业科技创新是实现城市圈农业现代化的关键

城市圈率先实现农业现代化，既是"两型社会"建设的基本要求，也是发展"两型农业"的关键。农业现代化从一般意义上说，就是用现代科学技术和现代工业装备农业，用现代科学方法和现代手段管理农业，使农业的劳动生产率、土地利用率、农民的人均收入得到极大提高。其本质是把农业建立在现代科学技术的基础上，用现代科学技术和现代工业来武装农业，用科学的方法和手段管理农业，目的是创造出一个高产、优质、低耗的农业生产体系和一个合理利用资源、保护环境的农业生态系统。因此，如果没有科技创新和科技支持，农业是不可能实现现代化的。

4. 农业科技创新是传统农业转型升级的重要支撑

武汉城市圈实现传统农业向现代农业的转型升级，按照"三生"（生产、生活、生态）同步、"三产"（一、二、三产业）融合、"三效"（经济、生态、社会效益）并举，努力走出了一条内生型、差异化、具有区域特色的现代都市农业发展路子，加快农业发展方式的转变，必须以农业科技创新为支撑，通过加大科技成果转化应用的力度，提高资源和投入品的利用率，推进传统农业向现代农业的转型升级。

(二) 必要性体现

1. 是参与国际分工和应对国际科技竞争的需要

随着经济和科技全球化的加快，国际农业竞争日趋激烈。目前，世界范围正在孕育一场新的农业科技革命，各国纷纷加强农业基础研究和高新技术研究，大力抢占未来竞争的制高点。只有加强农业科技创新，积极参与国际分工，增强核心竞争力，才能在激烈的国际竞争中把握先机、赢得主动，跻身于世界农业创新体系。有资料表明，被誉为中国第一菜园的山东寿光，外资种子占到当地近90%的市场份额，农业俨然已经成为国际科技竞争的焦点。武汉城市圈，作为我国中部大农作区的核心，应抢抓历史机遇，迎头赶上新的农业科技革命浪潮，积极参与国际分工与竞争，实现农业科技的跨越式发展。

2. 是建设武汉城市圈社会主义新农村的需要

建设社会主义新农村，是城市圈农村发展的一项战略任务。加快区域性农业科技进步和农业科技创新体系建设，是区域性新农村建设的本质要求。只有尽快提高农业科技创新能力，获得更多更好的农业核心技术，才能为推进农村经济发展和小康社会建设，提供强有力的科技支撑，只有坚持农业科技创新，为农村发展提供源源不断的技术支持，才能大力发展农村新型产业，协调推进农业产业化、新型工业化、农村城镇化和城乡基本公共服务均等化，才能开创城乡经济社会一体化又好又快发展的新局面。

3. 是解决城市圈农业科技自身问题的现实需要

不容置疑，城市圈农业科技创新体系还存在着一系列问题：如农业技术创新投入总量不足，投入结构不合理；农业科技创新主体单一、功能不全；农业科技创新体制机制不完善，条块分割、各自为政；科技创新与经济发展脱节，重大科研突破少；农业科技创新基础设施落后，动力不足，激励不够；农民科技文化素质低，农民教育工作落后等等。解决这些问题必须从农业科技创新体系建设入手，统筹考虑，系统解决。

六、城市圈农业科技创新体系的构架

（一）构建农业科技创新体系的指导思想

在以科学发展观统揽全局的前提下，如何确定科技创新体系建设的指导思想呢？基于农业科技创新的特征，联系城市圈实际，指导思想应充分考量地域性强、风险性高、公益性广、交互性多的内涵。在空间分布上，要视农业生态区域及其经济状况决定创新对象的发展；在投入行为上，要确立政府为主体的公共创新投入地位；在管理协调上，要加强创新要素间的分工协作，创造良性互动的环境。总之要根据创新的基本特征，遵循创新的基本规律，确定农业科技创新体系建设的指导方针。

依据上述分析，我们认为农业科技创新的指导思想为：以大力促进城市圈现代都市农业发展为目标，以国家批准的建设资源节约、环境友好综合示范区为契机，遵循科技创新的内在规律，构建适合创新的体系与框架，探索有利于创新的体制机制，推进创新要素间的有机整合，加强关键领域和重点行业研发，加速农业科技成果转化应用，使科技创新成为城市圈社会主义新农村建设的重要支撑。

（二）构建农业科技创新体系的基本思路

建立符合科技经济发展自身规律、适应现代农业发展需要的农业科技创新体系，应确立如下工作思路。

1. 牢固树立以民为本的农业科技创新思想

科研、教育、推广部门，应以满足农民实际生产对科技的需求作为农业科技创新的首要目标，把提高农民实际生产技能作为农业科技成果转化与培训的出发点和落脚点，有效减少农民应用创新成果的风险性。

2. 坚持统筹协调多措并举的科技创新路径

坚持原始创新、集成创新和引进消化吸收再创新相结合；坚持发展高新技术与提升常规技术相结合；坚持科研开发与推广应用相结合。

3. 建立布局合理有序运转的创新体系构架

从区域地理空间科学规划农业科研、农业教育和农业推广布局，将科学研究、集成转化、教育培训和推广应用整合成从源头到应用的完整的创新链条。

4. 形成创新要素资源良性互动的体制机制

在遵循科技经济发展规律的前提下，建立适合科技研发、成果转化、生产应用的体制机制，促进农业科技创新系统要素间的整合与协调。

5. 完善激发科技创新内生活力的政策法规

按照技术创新、制度创新、管理创新的要求，制定产权保护、产品安全、创新基金、风险投资、信贷财税、政府采购等激励政策，为农业科技创新不断注入活力。

6. 发挥市场配置调节科技资源的基础作用

坚持政府主导与市场运作相结合，促进企业、专业合作社、农业大户成为农业农村科技进步的重要主体，使技术、市场与资本在创新中实现有机统一。

（三）城市圈农业科技创新体系的构架

根据上述指导思想和思路，从城市圈实际出发，打造适应市场经济和农业发展要求、符合现代科技发展规律体系框架，使之成为结构优化、布局合理、层次分明、责任明确、运转协调、管理有序的综合型、高效率、现代化的新型农业科技创新体系。

借鉴国内外的成功经验，武汉城市圈农业科技创新体系应包括 5 个层次：第一，武汉都市农业科技创新中心；第二，区域性农业科技创新中心；第三，区（县）级农业科技推广中心；第四，乡镇农业技术推广站；第五，农业企业和农业生产者。

武汉都市农业科技创新中心。处于城市圈的核心，主要依托现有的武汉市农业科学技术研究院和武汉市农业学校，分别承担城市圈层面和大区域内重大农业技术创新及相关的应用基础研究、共性关键技术与高新技术研究。

区域性农业科技创新中心。主要依托孝感、咸宁、黄冈、黄石、鄂州、仙桃、潜江、天门等市的科研推广机构，上与武汉都市农业科技创新中心衔接，负责区域内重大科技成果的熟化、组装、集成、配套与示范；下与县级农技推广中心衔接，服务区域农业生产与农村经济发展。

（区）县级农业技术推广中心。现一般都设有种子、植保、土肥、栽培、试验等工作站，接受武汉及区域中心的技术辐射，组织县域内各个专业的推广性试验、示范，围绕县级农业结构调整，做好综合性农业技术推广工作。

乡镇农业推广站。配合各级中心开展农业科技试验示范，围绕乡镇范围内"一乡一品"、"一村一品"建设开展技术推广服务。

农业企业和农业生产者。是农业科技的转化者、应用者、实践者，同时兼有农业科技再试范和再传播的职能。

为了使构成农业科技创新体系各个组成部分得以有序运转，对创新体系各个层次的职责任务，还将在主体要素的系统分析中作进一步的讨论。

七、"主体要素"——职能责任的系统分析

主体要素是农业科技创新体系中最能动的要素，其子要素在系统里承担着各自不同的职能，它们的作为直接影响整个系统的功能。政府及其部门承担着政策规则制定、环境营造和投资主导的职责；农业科研机构承担着生产科技知识和成果的任务，是农业科技供给的主体；农业教育和推广单位承担人才培养和知识传播的任务；农业企业和农户位于终端，是农业科技需求和应用的主体，也兼有进一步示范推广的作用。现就主体要素各个单元的基本职能分析如下。

（一）武汉都市农业科技创新中心

它是城市圈内农业科研、农业教育和农业推广的枢纽，其基本职能是承担城市圈层面都市农业产业的应用基础研究、共性关键技术与高新技术研究。按照现代都市农业发展要求，开展动植物自主新品种（系）选育、新型农用生物制品研制、农产品采后处理与精深加工、农业装备及工厂化设施、新型肥料、动物饲料、良种繁育、高效种养模式、农产品质量安全、重大动植物疫病防控、两型农业建设、观光休闲农业、科技产业化等方面的技术创新，为城市圈农业持续快速发展和农民增产增收增效提供技术支撑。

（二） 区域性农业科技创新中心

以武汉为中心向周边辐射形成的 8 个城市，是区域性农业科技创新中心的基本雏形，它是区域内农业科研、教育和推广的分枢纽。其基本职能是实施针对本地生产的农业科学研究，完成实验室研究成果的田间试验和中试放大；强化农业职业教育，为农业推广提供最有效的科技成果，向农民提供最直接、最方便的观摩和技术培训，有效地解决好农业科研、农业教育和农业推广的有机结合问题。

（三） 区（县）级农业技术推广中心和乡镇农技推广站

区（县）乡两级是基层农技推广服务体系的主体，是党和政府公益性农技推广服务的基石。农业科技创新的公益性特征，本质上决定了需要一支专业的公益性农技推广服务队伍。其基本职能是，链接建立同枢纽与分枢纽的业务指导关系，开展农业科学技术的推广普及和培育新型农民，开展推广性试验示范，全面担负起辖区内各的农业技术推广工作。

（四） 农业企业和各类协会

在我国市场经济条件下，涉农企业和各类协会逐渐成为农业科技创新体系的重要组成部分，他们是科技创新的新型主体。就现实而言，涉农企业已经涵盖农药、疫苗、种子、肥料、农机、农产品加工、休闲体验等各个行业，因此，涉农企业经营的产品，是科技产品的物化，应实行技物结合，推行一对一的服务，在实现自身效益的同时，努力兼顾好社会效益。

各类农业协会，包括各类种植业协会、养殖业协会、农机作业协会等，已经成为农业经济活动的重要组织者、领导者、参与者，应充当好国家科研、教育、推广部门以及涉农企业和农业生产者的纽带和桥梁，在农业科技推广中发挥应有的作用。

（五） 农业生产和经营工作者

作为农业技术应有的受体，农业生产和经营工作者，是农业科技创新体系的重要组成部分，也是重要的主体。农业生产和经营者，包括农业生产企业和农民，其中，农民在我国分散经营的体制下是大量的应用主体，一切科学成果和技术，需通过他们的劳动和创造转化成现实的生产力。企业及农民，要逐渐从技术应用的后台走向前台，主动向科研、教育、推广单位提出科技课题，以增强科技的实用性、针对性和有效性。

（六）城市圈各级人民政府涉农部门

它既是圈内农业推广工作的主管部门，又是农业科技创新体系的主体之一。其主要职能是：第一，提供公共性财政投入，保障科研、教育、推广所需的必要经费并同国民经济的增长同步增长；第二，协调农业科研系统、农业教育系统以及农业推广系统的行为，充分发挥其作用；第三，扶持和鼓励各类农业企业、农民专业技术协会等组织参与农业技术创新工作，使之成为新型农业技术创新主体。

八、"对象要素"——科技研发的系统分析

在本研究开始的时候，编者提出了创新系统的三要素。其中，三要素之一的对象要素是主体要素作用的对象，是为实现一定时期的经济社会发展目标而必须运用的知识、手段和方法。换言之，就是一段时期或发展阶段内农业科技系统生产科技知识和成果的行为。为应对城乡人民食物食品安全的挑战、城市圈两型社会建设的挑战、发展都市多功能农业的挑战，作为对象要素的科技系统，必须在优良品种、生物制品、精深加工、现代装备、新型肥料、动物饲料、高效种养、质量检测、疫病防控、两型农业、观光农业等十个方面有所作为，超前安排，做好技术储备。

（一）发挥区域资源优势，培育优良动植物新品种

围绕高产、优质、多抗（病、虫、逆境）、专用等育种目标，针对农业结构调整和农产品加工业发展的需要，充分发挥武汉科研资源优势，在注重采用传统表现型选育技术育种的同时，利用分子标记、转基因技术等现代高新生物技术加快动植物品种选育进程。

1. 注重动植物种质多样性研究

实施动植物资源收集、挖掘、保存、筛选和驯化工程，构建与完善资源圃（库）；完善动物可克隆细胞（组织）的离体培养、超长期冻（贮）存、复苏、复原性克隆等系列技术的研究，实现容器化状态下完整保存遗传资源；开展优良品质和特异抗性、耐性生理生化基础研究，深化对种质资源遗传多样性的鉴定和评价，筛选新型功能性和抗性新材料。

2. 完善发展常规育种技术

继续加强以表型选择、植物雄性不育系建立和动植物杂种优势利用等常规育种技术体系手段的动植物新品种（系）选育工作，培育新型品种（系）。

3. 突破生物育种技术手段

在体细胞和配子细胞的离体培养、染色体诱导加倍、原生质体融合、体细胞诱变

等育种技术方面实现突破，完善细胞培养、胚胎移植技术等新品种（系）快速繁育技术体系。

4. 开发动植物转基因技术

开展对动植物优质性状的生物学基础、结构基因组学和功能基因组学以及次生代谢分子调控机制研究和分析，针对品质、产量、抗性、新功能等相关性状的改良，应用转基因技术，定向培育新型转基因动植物品种。

（二）研发农用生物制品，保障农业安全生产

面向动物重大疫病、水产品养殖、农作物重大病虫害，加强高效、安全、环保的疫苗、兽药、鱼药、农药的创制。

1. 加强动物高效特异性疫苗、快速诊断试剂及高效安全型疫苗、兽药的研制；加快畜禽重大疫病防控用生物制品新技术、新产品、新工艺的研究速度；在利用转基因培养物研发动物天然抗病毒类蛋白、流感病毒等高发性高危害病毒的细胞性疫苗生产技术方面实现重大技术突破，尽快研发出拥有自主知识产权的新型产品。

2. 以提高水产品安生生产以及养殖水环境可持续利用为目的，创制一批高效低毒的植物源功能性绿色渔药、微生态制剂等水质改良剂。

3. 以主要农作物重大病虫害为防控对象，创制一批安全环保、高效低毒的新型微生物农药、转基因农药、植物源农药。

（三）开发精深加工技术，提高农产品附加值

围绕武汉市特色优势农产品的保鲜储运、精深加工及副产品综合利用，突破一批关键技术，开发一批具有自主知识产权的加工产品，显著提高农产品加工水平。

1. 开展果蔬类农产品采后生理生化特性、特殊风味形成和调控机理等相关研究，做好特色农产品的采后分级、保鲜、贮藏以及杀菌、包装和产品多样化加工工艺的研发，开展冷鲜肉和水产类产品的保鲜保活研究，保证武汉市城区鲜活农产品的供应。

2. 加强猪肉制品、蜂产品、乳制品、禽类制品、水产品、粮食、油脂、饲料、蔬菜等农产品深加工技术突破，加快产品升级换代步伐，把一般产品做优，把优质产品做大，把特色产品做强，向规模化方向发展。

3. 开展农产品及副产品的功能性成分分析和鉴定、活性物提取技术研究，突破农产品及其副产品中膳食纤维、胶原蛋白、保健物质、植物香精、色素、黄酮类、多糖、淀粉等物质的提取、分离和制备技术，研发高附加值的新功能性产品，提高农产品利用率和附加值。

（四）开展农机农艺研究，增强农业现代装备

立足武汉市都市农业发展需要和地理条件，突出省工省力省成本功能，坚持农机农艺结合。

1. 开展全程农业机械化技术和相关设备的研发

力争在水稻、油菜、玉米等作物方面取得重大突破。

2. 开展农业生产环节专用性设备研发

研制资源节约型农机设备、小功率微型耕作机械、多功能园艺耕作机具、精密播种施肥施药设备、食用菌接种与原料生产设备、农产品精深加工配套设备，提高机械化作业水平和装备水平。

3. 开展设施智能化调控设备研发

在园艺作物设施方面，开展新型高效透光材料、人工补光设备、种苗嫁接设备、滴喷灌设备等节材节水节肥配套设备的研发；在畜禽、水产类集约化设施方面，开展设施环境对畜禽、水产生长发育的影响等研究，利用其成果研发养殖配套设备及畜禽粪便处理设备。

（五）研制新型生产资料，挖掘资源产投报酬

1. 坚持用地与养地相结合，协调土壤—作物—肥料3个要素的关系，改良耕地土壤结构。突破新型高效肥料、微生物肥料以及作物秸秆利用技术研发，调整肥料结构，增强土壤肥力，提高作物单产。

2. 以促进畜禽、水产动物生长，提高动物产品品质与饲料利用效率为方向，研究动物营养与动物饲料生产调控技术，研发专用饲料及提高饲料报酬率的新型添加剂，研制改良畜禽水产品品质和风味的天然植物添加剂，优化产品标准与配方，增强饲料安全生产。

（六）优化种养技术体系，提升产中生产水平

基于现代都市农业集约化、规模化、效益化、生态化的要求，强化作物高效种植、动物高效养殖创新性技术的研究。

1. 大力发展适宜城市圈种植业生产配套的丰产简约、省工节本、无害栽培、绿色生态栽培技术。

2. 突破生猪、奶牛、肉鸭等畜禽规模化、集约化、生态化、设施化养殖的技术研发；突破水产类高效健康养殖、放流跟踪养殖、稻田轮作养殖，禽类与水产配套养殖等关键技术。

3. 推广种养业高效生产模式、绿色生态栽培模式、周年综合生产模式、生态循环农业模式，提高无公害产品、绿色食品和有机食品在整个农产品中的比重。

（七）研发检测控制技术，保证食品质量安全

1. 围绕质量安全领域的难点问题

加强农产品中有毒有害物质检测与监控技术研发，加强粮、油、肉、奶、蛋、蔬菜、果品、水产品等无公害（绿色、有机）生产、加工领域质量标准体系和检测技术的研究与应用。

2. 建立健全农产品安全质量标准技术体系

建立从"源头到餐桌"的农产品全程质量控制技术体系，健全农产品信息可追溯系统，从源头上保证农产品质量安全。将产地环境监控、农产品质量监测、投入物安全使用等技术进行配套集成，提高食品的质量安全水平。同时，完善植物性食品农药残留快速检测技术、动物性食品残留检测技术、动物饲料有毒物质快速检测技术。

（八）加强防灾技术研究，防御自然灾害风险

围绕提升农业抗灾、抗风险能力，研究防控和抗御自然灾害和重大动植物疫病防控技术体系，实行局部防控与区域协防相结合，全面提升城市圈农业抗风险能力。

1. 加强动植物的重大疫病诊断、监测、预报，针对严重危害农业生产的病虫害，研发快速有效的重大病害和突发性病害分子诊断方法和检测试剂盒。

2. 开展生物防治、物理防治与化学防治相结合的病虫害综合防治技术研究。

3. 开展外来有害生物、主要检疫性病虫害的检疫和防控，防范外来有害生物入侵，确保农业与生态安全。

（九）研发生态循环技术，促进"两型"农业发展

1. 重视农业面源污染防治和水域生态环境修复研究，突破农业环境化学污染物降解技术，开展土壤与水体污染物微生物修复、微生物降解、植物与微生物协同修复、植物净化水源技术研究，对湿地和其他脆弱退化生态系统进行生态修复和生态重建。

2. 重视生物质资源转化和农村新能源开发。选育高生物量、高抗逆性和优良能源性状的能源植物新品种，发掘生物质能源植物资源，开展规模种植模式研究，实现能源植物规模产业化和能源农业适时适地高效安全发展。开展农业生物质资源生产燃料酒精、薪柴和农作物剩余物催化气化、生物质炭化、生物质发酵生产沼气等技术攻关，开发新能源，提高生物质能的利用效率。

3. 加快利用腐熟菌剂、功能菌剂和复合菌剂、畜禽类生物床养殖技术，发酵处理

畜禽粪便、作物秸秆等废弃物，突破废弃物转化有机肥生产等资源化利用关键技术，实现畜禽粪便的"零排放"和资源化。

（十）研发多功能农业技术，推动都市农业发展

1. 结合农业特色资源、乡村文化，打造集经济功能、社会功能、生态功能于一体的现代都市农业基地。

2. 加大城市圈都市农业产业布局研究，发展生态旅游农业、休闲农业、体验农业，拓展农业的生产、经济、社会、生态、教育、旅游、示范、辐射等功能。

3. 拓展农业科技示范园的功能，整合示范园资源，完善功能定位，打造一批集农业研发与推广、体验与科普等功能于一体的景区，显示和展示高科技农业。

九、规则要素——政策规范的系统分析

在现代市场经济体制下，农业科技创新要素中的对象要素和主体要素必需同规则要素统一起来，减少创新的随意性，使创新体系获得整合及变革的追加效果。建立和完善有利于科技创新的规则体系，对激活技术要素、重塑创新主体，增强创新系统活力显得十分重要。

（一）农业产业技术发展政策

从城市圈农业产业发展的实际出发，制订具有强大政策导向作用和长远意义的农业产业技术发展政策。可以产品创新和产品市场创新为中心，对那些技术含量高、市场潜力大、产品附加值高的产业，从技术研发的角度予以重点扶持，以加速其产业化进程。政策应充分体现对产业技术的优惠鼓励、风险分担、经费支持、产权保护等方面，由此从产业技术发展推动科技创新体系建设。

从产业层面构建以涉农企业为主体，以市场为导向，以形成核心产业竞争力为目标，优势互补、风险共担的产学研结合的农业产业技术创新联盟，通过优势资源的聚集和融合，促进农业科技成果向现实生产力转化。

（二）农业科技创新投入政策

实施政府为主体的农业科技创新多元化投入，是保障全社会基本生活最为重要的公共战略性投资。由于受自然力和地域环境的影响，农业科技创新过程周期长，具有公共产品特性；技术转移又受经营规模、农民素质约束，有效的农业科技创新体系要依赖国家的公共投资。因此，科技创新中的科技研发、基础建设、中试示范、成果转

化、技术推广资金，应主要由财政安排。同时，鼓励和引导工商资本、民间资本和外商资本投入农业科技创新，以形成多元化、多渠道的农业科技投入格局。

（三）农业科技成果转化政策

把培养科技型企业，作为培植科技创新主体，增强创新活力的重要方面，在政策上给予持续的支持。

支持科研院所科技人员创办和领办成果转化企业，把创办科技型企业作为农业科技成果转化的重要途径。鼓励科技人员以成果、技术、管理、资金形式投资入股，推行股权激励。

制定鼓励科技企业的政策，在共性技术研究、产业化项目、转化项目、贷款、减税、上市以及政府采购等方面形成系列政策，使其真正成为科技创新的主体。

（四）产业创新联盟推进政策

积极推进种子种苗、优质稻、油料作物、特色园艺、名优水产、高效生猪、优质水禽、精品饲料、生物农药、动物疫苗等产业技术创新战略联盟的建设，推动其稳定健康发展。

积极支持并鼓励大专院校、科研机构、龙头企业的专家、技术人员深入农业第一线，建立以科技示范户为纽带连接周边农户的农业技术传播网络，开展农技试验、示范、推广、培训、咨询等服务，大力推广应用实用性新技术和新成果。实施"六个一"计划，即"依托一个专家，组建一个专班，集成一套技术，建立一片基地，带动一个产业，致富一方农民"。

（五）农业科技创新体系政策

加强和完善农业科技推广服务体系。引导科技创新主体，围绕武汉市现代都市农业和农民增收等重大需求，在事关食品安全、资源高效利用、农业综合开发、农业生态环境建设以及农业竞争力增强等科学技术领域，进行科技创新；充分调动现有农技人员的积极性，鼓励农业科研院所和大专院校从事技术推广、技术转让、技术咨询、技术培训和技术服务；引导企业、协会等社会力量积极参与农业科技推广服务工作，形成政府扶持和市场引导、有偿服务与无偿服务相结合的农业技术推广服务体系，使农业科技成果走进千家万户。

（六）院所重点学科创建政策

引导城市圈科研院所按照"有所为有所不为"的精神，根据本地区情况，合理定位，确定重点学科建设。

支持城市圈科研院所优势学科的发展，帮助其进入国家农业产业技术体系和国家科技支撑计划，使之成为全省乃至华中地区、全国行业技术龙头。

制定和完善相关激励政策。设置"农村科技创业奖"，引导科技人员深入一线服务基层。对农业科技人员在职称评聘、荣誉评选上给予倾斜，对于做出成绩的科技人员和科研单位给予有效激励。

十、城市圈农业科技创新资源整合模式

在新的形势下，农业科技创新如何长入农村经济呢？首要的是适应日新月异、蓬勃发展的农村经济发展方式，并据此整合科技资源，形成与农业经济发展相适应的科技转化推广模式，主要有以下 10 个方面。

（一）开发都市农业模式

都市农业是在新的理念，在高新技术的指导下形成的现代农业，它是知识密集，一、二、三产业融合，城市与市场相衔接的集生产、生活、生态、体验、休闲、观光、文化等于一体的多功能农业。随着城市的发展、城市居民的收入增加及生活水平的提高，人们对生活的要求不限于生产方面的需要，而是上升到物质之外的精神文化的需要。所以需要在发展生产型的农业以外发展观光农业、休闲农业、旅游农业这些文化性、精神性的、与农业密切相关的产业。武汉城市圈是我国中部大农业的重要发展节点，具有自然资源丰富、农业生产条件好、物质装备水平高、农业综合生产能力强、劳动者素质高的特点。圈内农业科技单位，应发挥自身作用，依托城市，以资源为基础、以科技为动力、以市场为导向、以产业为重点、以增效为目标，积极开发都市农业的发展模式。

（二）切入优势产业模式

农业优势产业是关系国计民生的一类农业产业集群，是国家重要的农业产业，也是农业科技创新的主战场。农业部发布了《优势农产品区域布局规划》，确定了专用小麦、专用玉米、高油大豆、棉花、"双低"油菜、"双高"甘蔗、柑橘、苹果、肉牛、肉羊、牛奶、水产品 11 种优势农产品，规划了 35 个优势产区。武汉城市圈也分布有各种类型的粮食、油料、畜牧、水产、蔬菜、茶叶等基地，农业科技创新应以此为契机，区别不同作物的情况，以作物或品种为单元，开展自主创新、集成创新、引进消化创新，形成不同作物的产业技术生产体系，推进优势农产品规模化生产和做大做强。

(三) 引领成果转化模式

农业科技成果转化是连接研究与应用的桥梁与纽带，是实现研究成果价值的重要环节，也是农业科技创新的重要阵地。在这方面，农业科研院所要主动作为，利用自身优势，引领科技成果的转化工作。首先，领办、创办、合办以转化自身科技成果为核心的开发企业。办好一批农业科技成果转化企业，使之形成农业高新技术的"孵化器"，推动农业高新技术产业发展。其次，针对农业产业中的突出问题，整合院所和高校资源，构建产业技术创新战略联盟，提升产业核心技术水平。最后，以新品种、新肥料、新饲料、新疫苗、新农药、新农械、新技术成果的产业化为重点，大力推进农业科技成果产业化，带动整个农业产业技术的优化升级。

(四) 参与产学研合作模式

产学研是产业、教育、科研等创新主体，以企业为核心将不同功能和相对优势联接起来实现创新功能的经济发展模式。产业发展需要教育和科研支撑，教育和科研也需要在同产业的结合中发挥作用。首先，农业科技创新要把组织产学研合作作为科技市场化产业化的重要途径，动员各方面科技力量支持企业技术创新，引导大专院校、科研院所参与其中，把高校与科研院所的人才与创新资源引入企业，实现多个主体在创新中的紧密联合。其次，围绕产学研合作建立创新平台，包括创建技术示范基地、技术研发中心、院士技术创新平台、博士后科技工作站等，为产业共性技术研发奠定基础。通过推进产学研合作，逐步建立起以市场为导向、以企业为主体、以科研院校为支撑、以产业化为目标的产学研合作体系。

(五) 嫁接外向型农业模式

外向型农业，是指利用区域自然资源、资金和技术优势，以农产品加工出口为目标，带动区域经济发展和农民增收的农业生产模式。在经济全球化的背景下，外向型农业模式发展十分迅速。农业科技研发单位，应主动与其嫁接，视其外向型农业的需要，向其提供优质种苗、特色蔬菜、名优水果、优质畜禽和特种水产等种养殖技术，承担其农产品生产和加工研发课题，提升其现代农业技术水平，为外向型农业发展提供技术保障。

(六) 跟踪土地流转模式

土地流转模式，是指由龙头企业作为现代农业开发和经营主体，本着"自愿、有偿、规范、有序"的原则，采用"公司＋基地＋农户"的产业化组织形式，向农民租赁土地使用权，将大量分散在千家万户中农民的土地纳入到企业的经营开发活动中的经营方式。

土地流转是规模化经营的重要实现方式，随着我国城市化进程，农村劳动力的分流，通过土地流转实现适度规模经营成为一种趋势。由此对农业科技和社会化服务的需求也随增加，农业科技创新应以此为基础，积极跟踪农村土地流转的动向，把握流转土地经营的脉搏，为其提供科技服务，推进农业规模化开发。

（七）进驻农业科技园模式

农业科技园，多由政府、集体经济组织、民营企业、农户、外商投资兴建，以企业化的方式进行运作。是集聚农业科研、教育和技术推广单位的重要基地，也是国内外高新技术、农业科技成果、新品种、新设施等试验示范和集成辐射的重要场所。农业科技、教育和技术推广单位，应及时了解科技园的产业政策，争取园区主办单位的支持，积极进驻各种类型的农业科技园，把园区办成农业科技的开发基地、中试基地、生产基地。

（八）对接"一村一品"模式

近年来，各地在充分考虑市场条件和资源优势的基础上，确定适宜当地发展水平的产业和项目，推行"一村一品"、"一厂一品"、"一村一宝"等模式，它是生态型、多层次、集约化的复合农业，对农业科技有着很高的需求和期待。各具特色的高效农业项目，包括瓜菜、水果、奶牛、禽类、水产等，也为农业科技创新提供广阔的平台。农业科技创新应主动与之对接，根据各类"一村一品"产业的特点，集成组装技术与之配套，组织科技示范和技术培训活动，不断提高"一村一品"农业模式的科技含量。

（九）探索新型推广模式

随着农业科技体制机制的变革，科技创新的探索也不断深化。"论文写在大地上，成果留在农民家"，"做给农民看，带着农民干，给农民作示范，让农民有钱赚"的理念，催生出丰富的农技推广模式。如科技特派员、局院合作、区（乡）院合作、技术干部进入党政班子、专家大院、科技示范基地、农技110、农村专业技术协会、农村科技服务中介、星火培训基地和星火学校、青年星火带头人等。农业科技创新要运用好这些模式，不断拓展扩大模式范围，发挥其在科技推广中的应有效率，将科技送到更多的农业生产和经营者手中。

（十）配套产—加—销模式

在"产—加—销"模式中，加工、销售是生产的产业链延伸，是提高农产品附加值的重要途径。通过种养、加工、营销一体化，把从种到收的各种活动形成相互关联的系统，把确定的目标和集中的关注点都置于统一的有机整体。农业科技自然也不例外。农业科研院所应积极联系"产—加—销"企业或单位，为其产前、产中、产后提供技术配套服务。在产前提供良种和各种物化技术资料；在产中提供适时播种、合理密植、科学施肥、田间管理、综合防治病虫害等技术服务；在产后帮助原料分级、储藏保鲜，参与加工工艺的创制，为"产—加—销"提供强有力的技术保障。

十一、城市圈农业科技创新体系建设对策建议

（一）更新农业科技创新观念

在农业由传统农业向现代农业的转型时期，各种情况在不断发生变化，新的事物和新的理念不断产生，要求我们的观念和认识也应及时更新。建设新型农业科技创新体系，要求我们改变过去旧的观念和行为方式，有效增强创新主体的政治责任感和历史使命感，营造学科学、用科学的良好氛围。一是要牢固树立以农民为本的观念。以农民需求作为农业科技创新的首要目标，作为农业科技创新的出发点和落脚点，努力提高农民应用科技的效果。将推广工作的重心由以"技术"为中心转变为以"农民"中心，真正将农业科技创新转变到"面向农民、面向农业、面向农村"上来。二是牢固树立按照科技创新规律办事的观念。农业科技是"母亲产业"的基础和支撑，充分发挥科技第一生产力作用，必须客观地认识农业科技创新区域性强、风险性高、公益性广、交互性多的特征，反对任何违背创新规律的偏见及其行为，只有这样，才能避免观念问题给农业科技体系建设的被动和影响。

（二）构建科技创新管理体制

建立城市圈农业科技创新建设联席会制度。由武汉牵头，组织圈内发改委、农业、林业、科技、教育、编办、财政等有关部门，成立城市圈"农业科技创新联席会"，联席会下设领导小组，负责日常工作，制定实施方案和相关政策，出台配套措施，指导、监督、检查创新体系建设的进展，协调解决创新中存在的各种问题。

加强政府对农业科技统筹协调的力度。以行政区域为基础、涉农政府部门为依托，构建综合协调，职责清晰，齐抓共管、协调一致，共同参与、上下互动的农业管

理体制，对农业科技重大问题和重大活动及时有效地进行协商和沟通。

实施"城市圈农业科技创新体系建设工程"。把握武汉农业科技创新中心、区域性农业科技创新中心、区县农技推广站和乡镇农业推广站、各级政府部门、各类新型农技服务组织和农业生产者的职责内涵和本质、区别与联系，系统规划、统筹安排，形成以城市圈公共农业科研推广服务体系为主导，企业或私人机构为补充的全新的农业科技创新体系。推动农业科技资源的整合和共享，促进可持续发展。

（三）建立农业科技创新基金

为了使农业科技创新投入形成稳定持续的机制，各级政府财政应设立农业科技创新基金，分别用于都市农业创新中心、区域性农业科技创新中心、区（县）乡农业科技推广站的体系建设。拓宽农业科技创新体系建设基金经费来源渠道，包括政府财政预算、农业项目比例列支、企业和个人等社会力量投资等，同时发挥金融、税收、保险、信贷杠杆对创新的支持作用。建议农业科技创新基金由城市圈各级财政分别设立，由农业科技创新联席会常设领导小组制定基金使用管理办法，依法调度和安排，以保证对都市农业科技创新中心、区域性农业科技创新中心和农业科技推广站的研究、试验、推广等活动和配备仪器、设备、设施等工作经费给予持续支持。

（四）深化农业科技体制改革

建立有利于农业科技创新的体制。组建既分工又协作的各类协会或联席会。探索农业科技合作机制，整合城市圈农业科技资源，建设科技交流平台，推进信息资源共享。

按照"有所为、有所不为"的原则，根据各地自然资源状况和科技基础，调整科研方向，创建重点学科，发展特色学科，兼顾一般学科，形成微观突出重点、宏观学科齐全、覆盖农业经济需求的学科研究开发体系。改革现有农业科研管理办法，实行课题制、首席专家制，推行公开、公平、竞争、向上的运行机制。

改革农业科技成果评价和鉴定办法。建立客观、公正，反映科技成果水平、质量、效益的综合评价体系，促进农业科学研究"早出成果、快出成果、出大成果、出真成果"。

注重培育农业科技创新的主体。大力培育农业科技型龙头企业，促进民营科技企业和中小型农业科技企业的发展，加强农业科技中介机构建设，加速农业知识和科技成果的转化。

（五）加强创新基础平台建设

建设农业知识创新平台。重点加强重大农业科技创新工程建设，国家和省部级重点实验室、工程技术中心、农作物改良中心等研发平台建设,改善科研手段,提高装备水平,培植和发展学科优势。加强农业种质资源库(圃)、大型科研仪器共用、科研信息共享平台建设。

建设农业技术创新平台。包括企业研发中心、农业科技交易及信息化服务平台、农业科技供需对接平台、农业科技投融资平台等,积极推进"研发在武汉,基地在城市圈"的区域农业科技合作平台的建立。

建设农业科技应用平台。包括农业科技示范基地、成果转化和产业化基地、农业科技培训基地、农业科技示范园区等,为成果生产、示范推广和产业化提供良好的条件。

(六)加强育繁推种业体系建设

抢抓国家种业发展机遇,按照"三个一批"的要求,全面加强种子种苗繁育体系建设。即培育一批具有重大应用前景和自主知识产权的优良品种;建设一批标准化、规模化、集约化、机械化的优势种子生产基地;打造一批育种能力强、生产加工技术先进、市场网络健全、技术服务到位的现代农作物种业集团。扶持专业化、综合型、育繁推一体化种业企业发展,包括粮棉油种子企业、瓜菜种苗企业、园林种苗企业、畜禽种苗企业、水产种苗企业、生物疫苗药品企业及食用菌种子企业等,推动区域化、标准化、规模化良种繁育体系建设,夯实武汉城市圈农业产业发展的基础,提供符合市场需要且丰富多样的良种,为新品种的推广应用奠定基础。

(七)加强农业人才队伍培养

牢固树立"人才资源是第一资源"的人才观,培育科技、管理、经营、生产4支队伍,全方位加强农业人才建设。

加强农业科技人才建设。创造适合人才成长的环境,聚集一批农业科学技术应用领域的学术领军人物、学科带头人、科研骨干,培养和造就一批具有较高水平的科技研究专家队伍和农业科技推广队伍。

加强农业管理人才建设。培养能配置创新要素、熟悉农业知识、驾驭技术推广应用、知晓农业法律法规的管理者队伍,担当起创新体系建设的重任。

加强农业经营队伍建设。企业是农业科技创新的重要主体,要培养一支熟悉现代经营知识、熟悉企业内部管理、熟悉市场运作的经营人才队伍,为农业科技创新注入新的活力。

加强农业生产人才建设。强化农民作为农业科技创新应用的主体地位,加强农业科技培训,提高其接受和应用农业科技的能力。开展多形式、多渠道、多层次的科技知识培训，培养一支有文化、懂技术、善经营、会管理的农业生产者队伍，全面提高广大农民的科技文化素质。

参考文献

［1］张长青.加强农业科技创新研究的重点目标［J］.安徽科技，2000（1）：11－12.

［2］王芳.承上启下的重要力量［J］.农业科技管理，2006（6）：16－18.

［3］王来武，等.地（市）级农业科研院所运行中存在的问题与对策研究［J］.中国科技论坛，2006（2）：82－85.

［4］张军英.地市级农业科研院所在推进农村改革发展中的优势分析［J］.管理园地 53－55.

［5］伍冠锁.科技创新体系建设中地市农业科研院所面临的问题与对策［J］.金陵科技学院学报，2008（2）：61－65.

［6］吴春.论地市级农业科研院所集成创新能力建设［J］.江西农业学报，2009（3）177－179.

［7］杨曙辉，等.我国地市级农业科研院所：现状、问题与对策［J］.农业科技管理 2008（5）：24－29.

［8］四川省农业厅科技处.我省市州农业科研院所科研成果显著［J］.四川农业科技，2008（1）60.

［9］高春雨，等.中国国家农业科研院所布局现状、问题与调整思路［J］.中国农学通报，2009，25（24）：592－595.

［10］宋桥生，等.对农业科技创新本质特征的分析与认识［J］.农村经济与科技，2011，22（6）：174－176.

武汉市农科院科技成果转化率研究

武汉市农业科技成果转化课题组
宋桥生

当下在谈及科技成果转化时，更多的会用到成果转化率这一指标。课题组《武汉农业科技成果转化现状和对策研究》遇到同样问题。武汉目前的成果转化率是多少，这个问题课题组绕不过去，是非回答不可的事情。本文就是在这种情况下，以武汉市农科院的成果转化情况为材料进行探索的。

一、科技成果转化及其相关概念

在着手成果转化率计算方法探索前，要先了解有关的概念。

（一）科技成果的概念及其判定

1. 科技成果

根据我国 1986 年出版的《现代科技管理词典》对科技成果的定义，科技成果是指科研人员在他所从事的某一科学技术研究项目或课题研究范围内，通过实验观察、调查研究、综合分析等一系列脑力、体力劳动所取得的，并经过评审或鉴定，确认具有学术意义和实用价值的创造性结果。从目前我国科技管理工作实践看，对科技成果这一概念的认识已经趋于一致，其内涵主要有以下 3 个方面的特征：第一，科技成果是科学技术活动的产物；第二，科技成果应具有一定的价值，即学术价值和实用价值；第三，科技成果必须是经过认定的。因此，凡满足以上 3 个基本条件，可以称作为科技成果。

2. 成果分类

在全国科技成果统计中，根据科技成果性质将其分为科学理论成果、应用技术成果、软科学研究成果 3 类。根据 1994 年出台的《中华人民共和国科学技术成果鉴定办法》以及 1996 年出台的《中华人民共和国促进科技成果转化法》的描述，被作为计算成果转化率的科技成果主要是指应用技术成果，而不包括科学理论成果和软科学成果。

（二）科技成果转化的概念

1. 科技成果转化

科技成果转化即应用技术成果向能实现经济效益的现实生产力的转化。我国目前关于科技成果转化的概念多是从狭义的角度进行界定的，例如，1996 年实施的《中华人民共和国促进科技成果转化法》中对科技成果转化的定义：为提高生产力水平而对科学研究与技术开发所产生的具有使用价值的科技成果所进行的后续实验、开发、应用、推广直至形成新产品、新工艺、新材料，发展新产业等活动。

2. 相关专家观点

由于我国的"科技成果转化"与美国、欧盟地区等发达国家的"技术转移"在内涵上有明显的差别，加之我国所使用的科技成果转化的测度指标——"科技成果转化率"与美国、欧盟地区等发达国家所使用的一套指标体系也没有可比性，因此，目前有关我国科技成果转化率远低于发达国家的这一说法并无根据，并可能会误导我国科技成果转化工作。

二、成果转化率的计算方法

（一）成果推广度——计算转化率的桥梁

统计计算成果转化率，它是基于对单项成果是否转化来加以衡量的。中国农业科学院孙振玉先生曾对农业科技成果推广状况评价进行过专门研究，提出"推广度"的概念，用以衡量一项科技成果是否已被推广开来。成果的推广度，即一项（或若干项）成果空间扩散的程度，用该成果已推广规模占应推广规模的百分比表示，已推广规模为调查统计出的实际应用的范围、数量大小；应推广规模为该成果应用时应该达到、可能达到的最大极限规模。

（二）推广度临界值——判定成果转化的门槛

孙振玉认为通过设立推广度临界值，可以测算出科技成果的转化率，当一项科技成果的推广度达到或超过 50% 时，认定该项成果已被转化。理由是：其一，一项科技成果的扩散应用是遵循正态分布，是钟罩形曲线。当该成果采用的用户数接近 50%，即为峰值；其二，50%是百分比的转折点，达到和超过50%，意味着由少数质变为多数；其三，当成果空间扩散达到50%的临界值，往往伴随有成果应用已产生明显经济效益和社会效益。由于设定的推广度临界值较高，达到或超50%推广度的成果数量肯定较少，所测算的成果转化率的数值可能偏低，但这可能更接近于农业科技成果转化的实际情况。

（三）经济效益——衡量成果转化的尺度

衡量成果转化有多种指标体系，包括成果的推广规模、推广效益、推广机制、产业创新和技术进步等。为了统计的方便以及不同成果转化的可比性，宜将其他指标换算成经济效益指标，并以此计算推广度。以下是基于经济效益指标的成果推广度和转化率的公式：

推广度（%）＝该成果已经实现的效益（新增效益或利润）/该成果转化应达到的效益×100。

式中：该成果已经实现的效益（新增效益或利润），可据实调查确定；

该成果转化应达到的效益，可根据有关研究按照3倍的科研投入（项目直接经费＋项目间接经费）予以确定。

成果转化率（%）＝一定时期内已经转化的成果数/一定时期内的科技成果总数×100。

三、武汉市农科院成果转化率测算

测算武汉市农科院科技成果是以上述理论研究成果为基础的。具体步骤如下。

（一）确定研究对象的区域范畴

进入统计的成果：一是根据国家成果转化法，它是应用技术成果，科学理论成果、软科学研究成果不在统计之列，尽管它们也可以转化；二是计算转化率时，已经转化的科技成果的统计，是指一定时段内得到转化的成果，科技成果总数也是该时段内所有的成果；三是纳入统计的成果遵循公认的、科学的判断标准——是指在该统计时段就已通过了鉴定的成果；四是成果转化时间恰当，过早，可能转化峰值已过，过晚，可能峰值还未到来，否则会影响测算结果。据此，编者选定武汉市农科院年鉴2009—2011年度，纳入统计的30项成果进行调查测算，它涉及院系统六个研究所和一个公司。

（二）填报科技成果转化统计表

表格内容包括：成果名称、完成单位和主持人、鉴定及登记机关、科研投入、转化效益（新增经济效益和社会效益）。填报程序为：组建专班，由项目主持人、财务人员、分管领导、所长或总经理组成，对照统计表内容，逐项填报，财务报表支撑，专班人员签字，单位盖章。

（三）对填报数据作进一步甄别

一是利用院里已有的数据，予以对比分析，对填报数据进行调整；二是召集部分熟悉情况的专家，对填报数据的可信度进行分析，去伪存真；三是向填报单位和项目主持人咨询，了解成果的推广应用情况、盈利点及直接经济效益等，以此作为校正填报数据的依据。四是合理利用数据进行统计分析。如统计时，更多地利用了累计新增经济效益（利润）数据，而舍去了累计新增社会效益数据。理由是前者一般都可以找到财务报表支撑，后者多为推算获得，有的虽然盖有一些单位效益确认的公章，但明显感到可信度不足。

（四）计算成果转化率并予以分析

首先，对获得的数据，按照前述公式，逐一计算每个成果的推广度；其次，统计达到或超过 50% 推广度的成果，计算转化率。即样本成果转化率（%） = 13/30 × 100 = 43.3%。详情见下表。分析如下。

武汉市农科院成果转化分析表

推广度 0～19 占 26.7%			推广度 20～49 占 30%			推广度 50（含）以上占 43.3%		
成果来源	成果形态	投入与产出	成果来源	成果形态	投入与产出	成果来源	成果形态	投入与产出
企业0项	无	无	企业1项	产品性成果		企业6项	产品性成果	1∶2
研究室8项	产品2 方法6	负数 负数	研究室8项	产品性成果	1∶1.3	公司型研究室7项	产品性成果	1∶2.8

1. 企业科研都是产品性成果，产品和方法是融合的。
2. 公司型研究室同企业一样，不专门生产方法性成果，产品和方法是融合的。
3. 公司型研究室投入产出比最高，达到1∶2.8；其次是企业，为1∶2；再次是研究室，为1∶1.3。
4. 推广度低的成果，从本统计来看，一是研究室游离于公司之外，没有转化的动力和压力；二是研究属性为方法性成果，无法物化。

四、结论与讨论

(一) 结论

从本统计分析来看,武汉市农科院成果转化率为 43.3% 。在本研究中,成果转化率较高的因素有两条:一是企业体制,二是产品性成果。公司型研究室投入产出比最高,达到 1∶2.8,值得关注。

(二) 讨论

科技成果转化实际上是一个开放复杂的巨系统,有许多因素对科技成果转化发生影响,包括自然、社会、经济、文化、观念等,在一定条件下,其中,某种因素可能会成为一种影响成果转化的主要因素。本研究因受样本数量的限制,其研究结果不能完全反应客观实际,有待进一步完善。

(三) 建议

武汉市农科院开展一次摸清成果转化家底的活动,对各个优势学科的成果,清一清、查一查、理一理、顺一顺,把这项活动放在"科研-转化-服务"三位一体的体系中思考,放在"富所强院"全局予以重视,放在"现代科研院所建设"战略上来安排,总结经验,盘活存量,促进转化,以此为契机,开创成果转化和二次创业新局面。

武汉市农科院科技成果转化问题及措施分析

农业科技成果转化是促进农业和农村经济发展、实现农业现代化的主要手段。我国早在1996年颁布的《中华人民共和国促进科技成果转化法》中，对科技成果转化定义如下：科技成果的后续实验、开发、应用、推广直至形成新产品、新工艺、新材料，发展新产业等活动。据统计，我国每年有6 000 ~ 7 000项农业科技成果产生，但转化率仅为30% ~40%，而发达国家科技成果转化率可达到65% ~85%。

一、武汉市农科院科技成果转化基本情况

武汉市农科院是集农业科研、开发、推广、服务、培训于一体的公益性型综合性农业科研机构。成立于1984年，全院下设6个科研所，两个中心和两个科技成果转化企业。多年来在农业科研领域硕果累累，从表面上来看，武汉市农科院科研成果仍存在"三多一少"现象，即每年成果鉴定多，登记多、获奖多，但实际上能够直接转化为现实生产力的数量少，科技成果产业化程度严重偏低。截至2011年年底，全院科技成果转化、成果类型、项目经费、人员结构情况如下表。

院系统科技成果转化情况统计表

单位	成果鉴定数	已转化数	未转化项目数	已转化项目经费	已转化项目单位匹配经费	已转化项目成果转化投入资金	已转化成果类型			
							基础研究	应用研究	试验推广	软科学
市菜科所	83	25	58	185.5	38	30	0	25	0	0
市畜科所	47	42	5	230.58	1.75	0	3	36	2	1
市水科所	41	30	11	132.3	0	0	5	23	2	0
市农科所	39	6	33	86.5	10	0	3	3	0	0
市林果所	42	35	7	45.1	67	0	1	28	3	3

（续表）

单位	成果鉴定数	已转化数	未转化项目数	已转化项目经费	已转化项目单位匹配经费	已转化项目成果转化投入资金	已转化成果类型			
							基础研究	应用研究	试验推广	软科学
市农机化所	24	2	22	3	0	0.2	0	2	0	0
中 博	3	3	0	560	3 435	250	0	0	3	0
生物中心	5	0	5	0	0	0	0	0	0	0
合 计	284	143	141	1 242.98	3 551.75	280.2	12	117	10	4

（一）成果转化情况（图1）

据统计，1984—2011 年年底武汉市农科院共承担各级各类科研项目共计 825 项，其中通过各部门成果鉴定（验收）的科研项目共计 284 项，已转化项目 143 项，成果转化率为 50%，高于我国成果转化率百分比，表明武汉市农科院成果转化工作做得较好，效果明显。

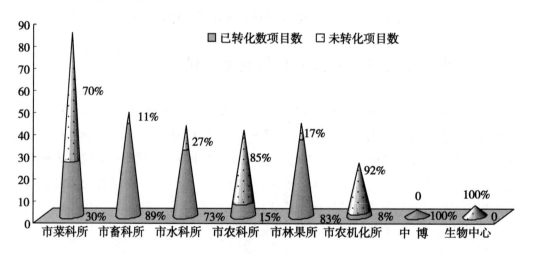

图1　各单位成果转化情况

（二）成果类型情况（图2）

已转化的 143 项科研项目中，应用型研究占已转化项目数的比重高达 82%、基础型研究占项目数的 8%、试验推广占项目数的 7%、软科学仅占项目数的 3%。表明武汉市农科院已转化的项目以应用性研究为主，且与市场结合较紧，但从转化程度来看，效果并不理想。

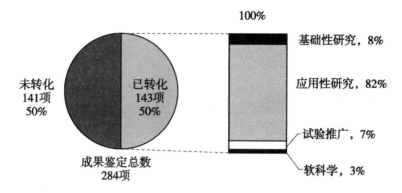

图 2 科研项目转化情况分类图

（三）成果转化经费情况 （图 3 ~ 4）

各科研所已转化的 143 个项目，项目总经费 1 242.98 万元，单位匹配总经费 3 551.75 万元，成果转化投入总经费 280.2 万元。而中博生物单位匹配经费占已转化项目单位匹配总经费的 97%、投入成果转化资金占成果转化投入总经费的 89%。表明中博生物对项目的转化投入力度较大，而各科研所投入太少，不利于成果的转化。

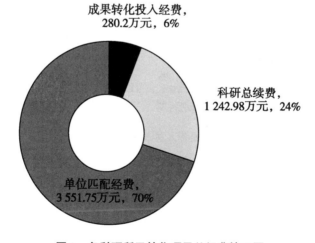

图 3 各科研所已转化项目总经费情况图

（四）人员结构情况 （图 5）

截至 2012 年 9 月，各科研所在编在岗人员 443 人，科技人员 291 人，主专业人员 243 人，从事推广经营人员 113 人，占总人数 26%。各科研所从事推广经营人员数较少，不利于成果的转化。

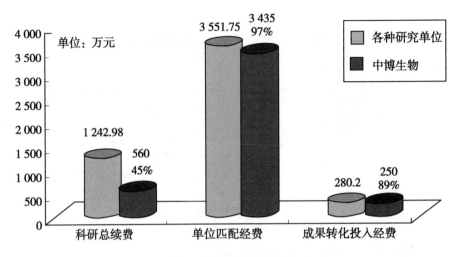

图4 项目经费情况图

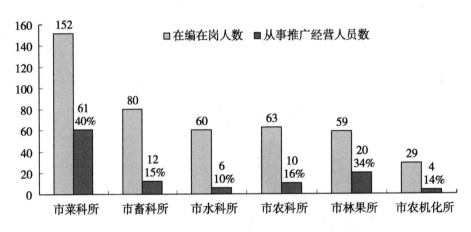

图5 从事推广经营人员占在编在岗人数比例图

二、武汉市农科院科技成果转化存在的问题

武汉市农科院作为地方性农业科研单位之一，不少成果获得国家级和部、省级科技进步大奖，有的学科研究水平还在国际国内处于领先地位，但能真正转化为生产力的成果不多，且能将成果形成产业实现"一所一企"的成果更不多。究其原因，主要包括转化的动力不足、转化的体系不完善、政策支持不够有力等原因。

(一) 科研与市场"两张皮"

各科研所对科研项目的立项实施与成果鉴定非常重视，而缺乏科研成果转化的立项、实施与评价的动力，导致武汉市农科院尽管获奖的成果不少，但农民可选择的高质量的先进、适用的成果不多，研发者和需求者"两张皮"现象严重。

（二）缺乏专门从事科技成果转化的队伍

长期以来科研项目都仅以学术成果论英雄，导致科研人员重研究和论文发表，轻转化和实际应用，不注重成果对经济的实际推动作用。主要表现在：一是武汉市农科院大多数科研项目都是由政府拨付资金，项目鉴定验收后，成果能否转化、能否产生经济效益科技人员并不关心，因为科研人员工作的兴趣在研究而不在转化。一些耗费大量人力、物力、财力研究出来的的科技成果，甚至被鉴定"国际领先"、"国内首创"，却束之高阁，造成大量科研资源浪费。二是武汉市农科院科研人员受传统思想的影响，商品观念和竞争意识淡薄，再加上科学研究与经济发展彼此分离现象，科研人员更愿意从事科学研究，而不愿意从事转化或推广工作。当一个科研项目从完成课题到发表论文、鉴定成果，再到申报奖励，最后落实到申报技术职称上，科技人员追求理论学术水平和获奖等级，更容易看到成绩，得到实惠。转化或推广一个项目，需要时间、经费和强有力的政策支持，它既有技术风险也有市场风险和管理风险，因此科技人员普遍存在重科研轻推广，重学术轻经营意识。近年来，武汉市农科院引进了一大批高素质的科研人才，他们在农业科学研究上均有着较高的学术水平，做科研是他们的强项，而对于成果转化开发、经营管理等方面并不擅长，武汉市农科院在这个方面缺乏一支拥有较高的业务水平和开发管理经验的专职队伍。

（三）科研成果本身缺乏成熟度和先进性

据统计，截至 2011 年年底，全院通过鉴定（验收）的科研项目占全院项目总数的 34%，而已转化的项目只占全院项目总数的 17%。数据表明，由于我们申报的多数科技成果在立项和选题阶段缺乏足够的市场调研，技术的成熟度和配套性不够，不能直接应用于生产，只是停留在基础研究阶段和实验室成果阶段，达不到应用技术开发阶段和中试、示范推广转化阶段，距成果的产业化生产和工业化应用尚有一定的距离。虽然有的成果水平很高，但只是部分单元技术，是某个产品的某个环节，而市场需要的产品常常表现为多种技术的集成，需要在技术层面尤其是在系统集成方面的联合攻关。因此，部分科研成果成熟度和先进性的缺乏，从而失去了转化推广的价值。

（四）科技成果转化投入严重不足

目前武汉市农科院科研经费虽然大部分来自于国家的支持，但这些经费中，很少包括将科研成果面向市场转化的费用。在我院已转化的 140 个（中博除外）科研项目中，各科研所用于转化投入资金只占成果转化项目经费总额的4%。而科技成果转化的关键环节是把研究阶段的成果进行适应生产和应用的二次开发，即中试阶段，中试阶段是研究和发展阶段与生产经营阶段的中间环节，需要大量资金的投入。科研投入既是支持开展科研活动的投入，也是生产性投入。由于武汉市农科院对科技成果转化投入不足，导致有经费研究科研成果，却没有经费推广科研成果。

三、促进科技成果转化的建议

（一）重视科研选题，提高科技成果转化率

21世纪以来，中央一号文件连续9年都是涉及"三农"工作，特别是2014年中央一号文件，更加注重科技对产业的直接支撑。这说明了我国科研计划不断向农业领域倾斜，科研选题正在逐渐由科学问题导向向产业需求导向转变。武汉市农科院应根据国家农业发展目标，结合产业发展需求确定科技创新重点，引导各科研所重点学科，科学确定农业科技发展的创新领域和突破重点，加强科研项目全过程管理，有效实现科技成果转化。全院科技人员应以解决农民、农村急需的生产实际问题为需求，有针对性地选择具有科技优势和市场前景的课题来研究，以利于科技的转化，参与市场竞争。

（二）改变科研与生产分离的局面，形成以市场为导向的新机制

建立"课题来源于实践，成果服务于生产"的选题机制。在科研管理体制上，将科研项目与成果转化绑在一起，既要重视科研项目和经费的争取，保证科研计划的完成，还要以成果转化后效益、水平等作为指标来综合考核科研的质量，以提高科技成果的应用率和效率。在科研项目的选题立项时，在听取科技人员、专家的意见的同时，还要广泛进行市场调研，以保证农业科技成果适应农业生产实际需求。项目验收，要将专家验收制度与市场验收制度相结合，将项目增产或增效的效果是否显著，农民是否满意作为项目验收标准。

（三）加大科技成果投入力度，提高成果成熟度

科技成果转化的基础是自主产权，能解决生产实际问题、适应市场需要的高水平的科技成果。武汉市农科院对科技经费投入每年都在增加，如院创新项目近3年分别以20%、50%、10%的速度增长，但相对于科技发展的需要来说，仍然存在较大的缺口。因为科技成果到产品要经过中试放大、小批量生产等一系列试验，解决工艺流程

中复杂的试制环节问题，需要大量资金和技术力量的投入。武汉市农科院应考虑在成果通过鉴定之后，继续投入成果转化所需资金。同时应鼓励和支持院所与其他高等院校、企业加强合作，构建联系研发平台，形成共同承担共建生产、试验基地、转让成果、提供技术服务、技术入股等多种形式的合作联合体，促进科技与经济的结合，使武汉市农科院科技成果转化进入良性循环的发展轨道，形成研发与生产"上下互动"的农业科技创新机制。

（四）培育和发展农业科技型企业，加快自主创新能力

全院现有 4 个农业龙头企业，19 家科技型企业。积极发挥农业产业化中龙头企业的作用，对发展较成熟的企业，要充分发挥各科研所在科技创新、成果产业化中的作用，引导科研工作与企业创新、经济发展相结合，提高各科研所的自主创新能力。在已创办的企业中，选择一批成长型科技企业进行培育和扶持，使之成为我院高新技术企业的后备力量。

（五）发挥现有基地的作用，将基地建设成为技术示范基地

现武汉市农科院南部和北部两园区建设已初具规模，截至 2011 年 10 月底各单位已全部搬迁基地入驻。为尽快实现"科学研究、展示示范、产业孵化、龙头带动、教育培训和生态旅游"等多种功能的新农科院，发挥现有基地的作用，建议以各科研所为单位，将新技术、新成果、新产品在基地集中展示、示范，使一些项目在研发的过程中，在基地上同时进行试验示范，并就试验中问题及时进行完善，促进成果与生产的紧密结合。在展示技术的同时，促进成果的完善配套，加快成果从试验走向实际应用的速度。

（六）建立综合性科技信息平台系统，实现科技信息共享

科技成果转化离不开准确、完善的信息服务，武汉市农科院应采取多种手段，加强科技信息研究分析信息服务功能。例如，建立院科研信息平台，包括全院科技人员情况、科技项目、科技成果、成果获奖、论文及专利等数据库，定期更新科技信息，及时发布全院科技最新动态，建立完善的综合科技信息网络。一是通过科技信息平台系统，科研单位可以宣传和推广自己科技成果；二是让企业、高等院校可以了解各科研所的研究实力、研究成果的应用前景、成熟程度等，从而明确投资方向；三是科研单位通过与企业对接，科技人员可以深入了解市场和企业的需求，不断完善科技成果，使新的科技成果更好地服务于生产。

（七）建立科学的科技评价体系，加强成果的应用管理

根据不同学科、不同类型的科研项目，建立科技评价体系，科学公正的进行评价，促进科技向生产力转化。评价体系的建立有利于提高农科院的决策质量和水平，减少决策的盲目性和随意性，使科技管理工作更加规范化和科学化。

武汉市农科院农业科技成果转化评价体系

农业是我国的基础产业，推行科技兴农，旨在快速促进农业科技成果向现实生产力的转化。农业科技成果转化是实现其潜在生产力转化为现实生产力的关键，是科技与经济相结合的重要纽带。农业科研机构作为农业科技创新的主体，在进行农业新技术、新工艺、新产品研究的同时，还应逐步成为科技成果转化的主体之一，成为公益性农技推广的重要力量。

武汉市农科院作为内陆大城市中农业科研机构，有着自己的农业科技成果特色，水生蔬菜新品种推广至全国116个省市，占全国面积的80%；长江名优鱼类推广至全国11个省市；中博生物畜禽疫苗在华中地区销售处于第一方阵。为适应现代都市农业发展需要，武汉市农科院在认真分析农业科技成果转化存在的问题和对策的同时，提出了农业科技成果转化层次指标。旨在创造、鼓励从事农业科技成果转化工作的积极性，促进农业科技成果尽日转化成生产力。

一、层次分析法介绍

AHP层次分析法是美国著名运筹学家、匹兹堡大教授 T. L. Satty 于20世纪70年代中期提出的一种系统分析方法。AHP法能够有效地处理难以用定量方法来分析的复杂问题，它具有良好的逻辑性、系统性、简洁性和实用性等优点，很好地弥补了以往评价法在处理定性问题上的不足，使评价过程能够很好与人的思维过程相拟合，从而更容易为人所掌握。

其计算流程如下图。

二、指标体系设计构建

农业科技成果转化指标体系是一个复杂系统，构建一个科学合理、公平、公正、

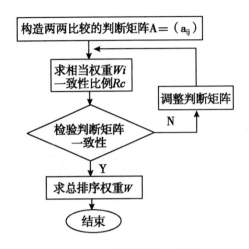

AHP 层次分析计算流程示意图

有效的成果转化评价评体，要遵循了以下主要原则。

（一）科学性原则

指标体系一定要建立在科学基础之上，指标的选择、指标权重的确定、数据的选取、计算与合成必须以科学理论（如统计理论、经济理论等）为依据，能客观、准确反映农业科技成果的转化情况。

（二）系统性原则

指标设置要尽可能全面反映农业科技成果转化的特征，防止片面性，各指标之间要相互联系、相互配合，各有侧重，形成有机整体，从不同角度反映一个地区农业发展的实际状况。

（三）可比性原则

包括纵向和横向的可比性。既要使指标设计符合实际需要，又要体现农业科技成果转化应用情况。

（四）可操作性原则

指标体系可操作性非常强，统计时口径要一致，核算和综合方法要统一，以达到动态可比，保证指标比较结果的合理性、客观性和公正性。

三、指标体系设置

根据科学性、系统性、可比性和可操作性原则，考虑武汉市农科院的特点，并参考相关文献资料，初步设计了指标体系的基本框架，然后运用层次分析法，通过对院系统科技人员、企业经营人员、科管人员、学科带头人等专家的咨询，经过 3 轮反馈，筛选出了 4 个一级指标、9 个二级指标、32 个三级指标（表 1）。

表 1　农业科技成果转化层次指标

一级主体指标	二级分体指标	三级群体指标
农业科技成果转化绩效	成果转化研发指标	成果应用后续研究开发项目	后续研究开发项目数 高新技术项目比重 研发项目应用率

一级主体指标	二级分体指标	三级群体指标
农业科技成果转化绩效	成果转化研发指标	成果应用后续研究开发项目	后续研究开发项目数 高新技术项目比重 研发项目应用率
		农业科技成果推广项目	后续推广项目数 推广项目比例 成果产业化程度
	经济效益指标	成果应用后续人、财、物投入等	研发项目投入人员比例 研发经费占总收益比重 研发项目资金人均投入经费 成果推广资金人均投入经费 国家投入占总经费比重
		成果应用后直接产出	新优品种、新技术应用面积、台（套）、头（只、尾、羽） 成果应用收益占总收益比例 成果转化利润贡献率 成果转化税收贡献率
		科技成果产生影响	成果转化应用贡献力 产业化带动、辐射覆盖程度 农业产品的质量安全 环境生态影响程度
	社会效益指标	人才培养	在职专业技术培训人员比例 培养硕士学位以上技术人员比例 专业技能培训人次
		收入就业	成果转化应用促进就业人数 成果转化对当地居民收入的影响 成果转化对当地居民生活水平和质量的影响
	知识产权及技术规程	知识产权	成果转化拥有专利数 成果应用发明专例比例 成果转化过程中获得成果数 成果转化发表论文论著数 成果转化过程中审定的新品种数
		成果技术体系、规程	成果转化形成产业体系数 成果转化形成技术规程

（一）各指标的含义

1. 成果转化研发指标是从后续研发和成果推广两个方面进行评价。反映成果转化的质量、团队实力以及成果转化率、产业化等。

2. 经济效益指标是从投入和产出两个方面进行评价。反映科技成果转化过程中的资金投入和产出的情况。

3. 社会效益指标是从产生的影响、人才培养和收入就业3个方面进行评价。反映转化项目实施后为社会所作的贡献。

4. 知识主权及技术规程是从知识产权和体系规程两个方面进行评价。反映成果转化所拥有的成果。

（二）指标权重的确定

权重在评估过程中直接影响指标的正确性和科学性，此次权重的设置，我们结合已经确定的评价指标设计了问卷调查表，并发放给院系统22个重点学科、2个直属公司、院生物中心及院发展处共30位专家、相关处室进行了相对重要性的评分，如表2、表3所示。

表2　层次分析法的比例标度及含义

标度值	含　义
1	表示两个元素相比，具有同等重要性
3	表示两个元素相比，一个元素比另一个元素稍重要些
5	表示两个元素相比，一个元素比另一个元素明显重要
7	表示两个元素相比，一个元素比另一个元素强烈重要
9	表示两个元素相比，一个元素比另一个元素极端重要
2，4，6，8	如果成对事物的差别介于两者之间，去相邻判断的中间值
倒数	若元素 i 与元素 j 重要胜之比为 a_{ij}，那么元素 j 与元素 i 重要性之比为 $1/a_{ij}$

表3　一级规则层相互重要性比较

	成果转化研发指标（A_1）	经济效益指标（A_2）	社会效益指标（A_3）	知识产权及技术规程（A_4）
成果转化研发指标（A_1）	1	*	*	*
经济效益指标（A_2）		1	*	*
社会效益指标（A_3）			1	*
知识产权及技术规程（A_4）				1

注：表格中有"＊"处不填数字

采用 AHP 和积法求解。指标的相对重要性按照专家的判断的结果取平均数，最终计算的结果全部通过了一致性检验性检验，计算的权重值如表4。

表4　农业科技成果转化评价体系

一级主体指标		二级分体指标		三级群体指标		
名称	权重	名称	权重	名称	权重	计算方法
成果转化研发指标	0.22	成果应用后续研究开发项目	0.56	应用后人均研发项目数	0.24	以实际数为准
				高新技术项目比重	0.32	新技术项目/研发项目总数
				应用研发项目完成率	0.44	应用研发项目数/研发项目总数
		农业科技成果推广项目	0.44	成果转化率	0.38	当年转化成果数/成果转化总数
				高新技术成果转化项目比例	0.33	高新技术成果项目/转化项目数
				成果产业化比例	0.29	已形成产业化的成果/成果总数
经济效益指标	0.21	成果应用后续人、财、物投入等	0.47	研发项目投入人员比例	0.13	项目投入人员/科技人员总数
				研发经费占总收益比重	0.15	已转化成果的研发经费/成果转化总收益
				研发项目资金人均投入经费	0.26	项目经费/项目研究人员数
				成果推广资金人均投入经费	0.21	成果推广经费/项目研究人员数
				国家投入占总经费比重	0.25	国家投入无偿经费/项目总经费
		成果应用后直接产出	0.53	新优品种、新技术应用面积、台（套）、头（只、尾、羽）	0.11	以实际亩数、台（套）、头（只、尾、羽）为准
				成果应用收益占总收益比例	0.08	经济效益收入/成果总收入（新成果）
				成果转化利润贡献率	0.27	成果转化利润/成果总利润
				成果转化税收贡献率	0.54	成果转化税收/成果总税收
社会效益指标	0.34	科技成果产生影响	0.31	成果转化应用贡献率	0.24	成果转化应用增加收入/增加的总收入
				产业化带动、辐射覆盖程度	0.20	以实际程度为准
				农业产品的质量安全	0.29	以实际为准
				环境生态影响程度	0.27	以实际为准
		人才培养	0.39	在职专业技术培训人员比例	0.34	参加培训人数/专业技术人员总数
				培养硕士学位以上技术人员比例	0.38	培养硕士学位人员数/专业技术人员总数
				专业技能培训人次	0.28	以实际人次为准
		收入就业	0.30	成果转化应用促进就业人数	0.23	以实际人数为准
				成果转化对当地居民收入的影响	0.33	成果转化应用增加收入/当地居民数
				成果转化对当地居民生活水平和质量的影响	0.44	以实际影响为准
知识产权及技术规程	0.23	知识产权	0.62	成果转化拥有专利数	0.17	以实际专利数为准
				成果应用发明专例比例	0.17	发明专利/专利总数
				成果转化过程中获得成果比例	0.19	成果转化中获得成果数/转化成果总数
				成果转化发表论文论著数	0.23	以实际发表论文数为准
				成果转化过程中审定的新品种数	0.24	以实际审定新品种数为准
		成果技术体系、规程	0.38	成果转化形成产业体系比例	0.55	已形成产业体系数/转化成果数
				成果转化形成技术规程	0.45	以实际数为准

武汉市农村星火科技示范村、示范户体系建设研究

一、理论研究

（一）研究背景和意义

1997 年以来，农民收入持续低速增长，不及城镇居民收入增量的 1/5。粮食主产区和多数农户收入持续徘徊甚至减收，谷贱严重挫伤了农民种粮的积极性，影响了粮食的供给，农民增收进入最严峻的时期。城乡居民收入差距持续扩大，由 20 世纪 80 年代中期的 1.8∶1 左右，扩大到 3∶1∶1。"农民不富，中国不富"。因此，如何实现农业的快速发展，促进农民收入的提高，成为我国能否全面实现小康社会的关键。党的十六大提出要充分发挥科学技术第一生产力的作用，完善科技服务体系，加速科技成果向现实生产力转化，推进国家创新体系建设。

我国目前大部分地区的农村科技服务体系是在计划经济体制下建立起来的、以农业科技推广为主的单一服务系统，而且科技推广效果也不尽如人意。虽然经过了一系列经济及政治体制改革，但由于受农业自身生产特点的影响以及制度变迁中对路径的依赖等综合因素的作用，目前的农村科技服务体系从总体上来看，与适应世界经济一体化、农业生产国际化的要求尚有一定的差距。

当前，我国农村科技服务体系与农村新形势发展的需要不相适应主要表现在：①科、教、推分离，成果转化率低。农业教育、科研、社会化服务相互来往不密，各单位之间缺少横向联合，造成农民的技术需求与服务主体的技术供之间存在着脱节现象，农业科技成果的实用性和转化率低。②服务方式单一，农村科技服务经费投入不足。我国农村科技服务经费长期不足，甚至短缺。农村科技服务投资占农业国内生产

总值的比例一直较低。③农村科技服务组织性不强，不适应市场经济的需求。科技服务内容和目标还只是单一"增产"性的，明显落后于时代的要求。④农业生产组织化程度低，推广农业科技的渠道不畅。农民专业生产组织相对薄弱，这些协会多数是自发性的，规模小、效率低，远未形成产前、产中、产后配套的组织体系。⑤农村科技服务人员素质参差不齐，服务队伍整体功能低下。农村科技服务人员知识老化和结构不合理的现象严重，能够适应市场经济需求和产业化要求而且懂技术、会管理的复合型人才较少。⑥服务方法及手段陈旧，农业信息体系不完善。许多农村科技服务组织还没有应用计算机和计算机网络，尤其是乡镇级服务组织，多数没有配备网络和电脑，几乎很少有人应用信息化手段采集科技信息。因此，必须加快新型农村科技服务体系及运行机制的建设，才能实现农业经济由外延式增长向内涵式增长的真正转变。

2012 年中央一号文件：提升农业技术推广能力，大力发展农业社会化服务。强化基层公益性农技推广服务。充分发挥各级农技推广机构的作用，着力增强基层农技推广服务能力，推动家庭经营向采用先进科技和生产手段的方向转变。普遍健全乡镇或区域性农业技术推广、动植物疫病防控、农产品质量监管等公共服务机构，明确公益性定位，根据产业发展实际设立公共服务岗位。进一步完善乡镇农业公共服务机构管理体制，加强对农技推广工作的管理和指导。切实改善基层农技推广工作条件，按种养规模和服务绩效安排推广工作经费。2012 年基层农业技术推广体系改革与建设示范县项目基本覆盖农业县（市、区、场），农业技术推广机构条件建设项目覆盖全部乡镇。大幅度增加农业防灾减灾稳产增产关键技术良法补助。加快把基层农技推广机构的经营性职能分离出去，按市场化方式运作，探索公益性服务多种实现形式。改进基层农技推广服务手段，充分利用广播电视、报刊、互联网、手机等媒体和现代信息技术，为农民提供高效便捷、简明直观、双向互动的服务。加强乡镇或小流域水利、基层林业公共服务机构建设，健全农业标准化服务体系。扩大农业农村公共气象服务覆盖面，提高农业气象服务和农村气象灾害防御科技水平。

引导科研教育机构积极开展农技服务。引导高等学校、科研院所成为公益性农技推广的重要力量，强化服务"三农"职责，完善激励机制，鼓励科研教学人员深入基层从事农技推广服务。支持高等学校、科研院所承担农技推广项目，把农技推广服务绩效纳入专业技术职务评聘和工作考核，推行推广型教授、推广型研究员制度。鼓励高等学校、科研院所建立农业试验示范基地，推行专家大院、校市联建、院县共建等服务模式，集成、熟化、推广农监技术成果。大力实施科技特派员农村科技创业行动，鼓励创办、领办科技型企业和技术合作组织。

培育和支持新型农业社会化服务组织。通过政府订购、定向委托、招投标等方式，扶持农民专业合作社、供销合作社、专业技术协会、农民用水合作组织、涉农企业等社会力繁广泛参与农业产前、产中、产后服务。充分发挥农民专业合作社组织农民进入市场、应用先进技术、发展现代农业的积极作用,加大支持力度,加强辅导服务,推进示范社建设行动,促进农民专业合作社规范运行。支持农民专业合作社兴办农产品加工企业或参股龙头企业。壮大农村集体经济,探索有效实现形式,增强集体组织对农户生产经营的服务能力。鼓励有条件的基层站所创办农业服务型企业,推行科工贸一体化服务的企业化试点,由政府向其购买公共服务。支持发展农村综合服务中心。全面推进农业农村信息化,着力提高农业生产经营、质量安全控制、市场流通的信息服务水平。整合利用农村党员干部现代远程教育等网络资源,搭建三网融合的信息服务快速通道。加快国家农村信息化示范省建设,重点加强面向基层的涉农信息服务站点和信息示范村建设。继续实施星火计划,推进科技富民强县行动、科普惠农兴村计划等工作。

(二) 国内外农业科技服务研究现状

关于国外农村科技服务的研究,较早的见宣杏云和徐更生(1992)所著《国外农业社会化服务》一书。该书在系统分析了农业社会化服务内涵及模式的基础上,重点对美国、日本等13个国家的农业社会化服务做了深入的介绍,其中,农村科技服务被作为主要部分进行了研究。全国农业技术推广服务中心(2001)在《国外农业推广——十二国经验及启示》一书中,在对美国、加拿大、日本等国家农村科技推广体系进行系统介绍的基础上,从不同角度对国外农业生产先进国家及有特色农业国家近年来的栽培、植保、种子和上肥等技术推广工作概况作了介绍。

我国农业问题专家和经济学者对于国内农村科技服务体系的研究,是与我国农村科技服务体系的发展过程紧密联系的。由于我国农村科技服务过程中一直存在科技成果转化率低的问题,因此,对于国内的研究比较集中于对农业科技推广的研究,而对于农民教育及农业科研方面的研究相当薄弱,研究成果也往往局限于一般的理论探讨。潘宪生等(1995)对中国农业科技推广体系的历史演变及特征进行了深入研究;丁振京等(2000)对我国现行农业科技推广模式及存在问题进行了探讨;高启杰(2000)通过对国外农业推广分权论研究的基础上,提出了我国农业推广改革的基本思路;范秀荣等(2002)提出,通过培育农业科技推广中介组织强化农业科技推广工作。对于农村科技服务体系创新中基于制度经济学方面的理论研究,国内学者涉及较少。丁振京(2000)基于制度变迁及路径依赖的有关理论,对我国农业科技推广运行机制的变迁进行了理论研究。汤吉军等(2004)运用一个动态的投资模型,分析了沉淀成本对农业生产进入与退出的影响,探讨了其对农户生产投资行为的影响。

关于农村科技服务体系系统结构方面的研究,郑秋鹏等(1999)提出,社会化农业科技服务体系的五种模式：即政府型横式（科技单位＋各级政府＋农户）；产业型模式（科技单位＋经济实体＋农户）；区域型模式（科技单位＋社团组织＋农户）；创汇型模式（科技单位＋商贸公司＋农户）；市场型模式（科技单位＋供销组织＋农户）。杜华章等（2002）在系统研究了农村科技服务体系建设基本要求的基础上，提出现代化农业科技服务体系是由农业技术推广体系、农村专业合作经济组织、农民流通组织、龙头企业和产业基地、民营科技企业、产学研联合体6部分构成多种经济成分、多层次、多形式并存的，集技术商品交易、信息咨询、农产品流通、物资供应、应用技术培训等多功能于一体的，涉及农业产前、产中和产后全过程的复合系统。刘志民等（2005）在对我国农村科技服务体系组织架构研究中，系统分析了农业推广组织外的、层次不同的、目标和功能各异的农业科技服务中介组织形式。

农业科技服务体系一个重要作用是农业科技推广。18世纪中叶，在欧洲开始的产业革命导致农业发生变革和逐步现代化。为适应农业生产的需要，欧洲开始近代农业推广活动，随后农业推广在美国迅速兴起和不断发展（唐泽智、罗永潘，1990），到20世纪初，世界各国开始建立农业技术推广体系。第二次世界大战以后，特别是近20年，农业推广受到普遍重视，据联合国粮农组织1989年对全球113个国家的调查，全世界新建国家级推广机构150多个，从事农业技术推广人员达到54.2万人，庞大的推广体系对世界农业的发展起到了巨大的推动作用。

国外有关农业推广模式的理论研究始于20世纪80年代中后期。随着世界各国农业的发展，对农业推广认识的进一步深入，农业推广模式研究见著文献，出现了一些比较有影响的学者，他们依据各自的理解将农业推广棋式进行归类，其中，比较有代表性的有：Swanson，1984；Ray，1985；Zickering，1987；Mintzberg，1998；Rivera，1988；Axinn，1988。

国内有关农业推广模式的研究始于20世纪90年代初。高启杰（1994）从哲学和系统论的角度分析了农业推广模式系统，并根据农业推广的目标、对象、内容、策略方式与方法、组织形式与环境等，对农业推广模式进行了详细的分类研究。

国外的农业推广与农业技术推广工作通常是结合在一起的，经过多年的实践探索，世界各国已形成了具有各自特色的农业推广模式。其中，比较有代表性的有：①美国的合作农业推广。其实行的是教育、科研、推广"三位一体"的合作农业推广体制，由联邦农业推广局、州推广站和县推广办3个层次组成。工作原则为民主、合作、民众参与等。推广内容主要包括4个方面：一是农业生产技术推广及自然资源的利用与保护：二是家政推广；三是四健青年推广；四是社区开发。②日本农协的农村综合服务。日本农协由基层农协、农协联合会、农协中央会3个层次组成。其中，基层农协主要由农业生产者个人加入。主要服务内容包括：一是营农指导及生活指导事业；二是农产品销售及生产与生活资料的购买事业；三是农村金融、信贷和保险事业；四是公共利用事业；五是情报信息事业。日本农协作用的特点：一是不以盈利为目的，为农民提供产前、产中及产后的系列服务；二是农协的服务对象以协会会员为主。因此，日本农协是一个能够在一定程度上代表农民利益的自助组织。③德国的农业推广咨询服务。由政府官方推广、环咨询和农村合作社3个方面组成。其特点是利用沟通手段帮助农民，使其能够改变自己的行为，解决或缓和所面临的问题。这种模式是农业推广发展到一定阶段的必然趋势。④常规农业推广。主要存在于发展中国家。由政府支持的各级推广机构组成，采取自上而下式的农业技术推广活动，工作目标是增产增收。推广人员通过宣传、培训、示范和指导等，实现提高农民素质、传递农业技术的目的。

我国的农业推广自新中国成立后，有了全面的发展，建立了以国家支持为主体的农业推广体系。该体系在计划经济体制下，在农业技术传播和提高农民科技素质方面发挥了主导作用，有90%以上的新技术和新产品由农业推广系统通过试验示范、技术培训和行政推动等方式传播给农民，为我国农业和农村经济的发展做出了巨大贡献。

改革开放以来，我国经济体制逐渐由计划经济向市场经济转变。经过20多年的改革发展，我国农业和农村经济进入了一个新的历史发展阶段，农业在农产品供求关系、农业增长方式、农业发展目标、农民增收途径和农业产业关联度等方面都发生了显著变化，以政府推广机构为主体的农业推广组织体系和自上而下行政推动式的单一推广途径面临着一系列的问题与矛盾，主要表现为：农户分散经营与社会需求多元化间的矛盾；农业弱质低效产业与非农高效产业间的矛盾；政府宏观经济发展计划与农民自身经济利益间的矛盾；单一的农业推广途径与农民追求全方位综合服务间的矛盾；政府财政对农业推广投入的局限性与推广体系运行极端困难的矛盾；农业技术市场化、农业社会化服务体系有待健全等。

经过多年探索，各地已初步形成了多元化的推广模式组合，主要有：①政府推广机构为主体的公益性农业推广服务模式；②产业化龙头企业带动农户的推广服务模式；③科技企业的技术开发和示范服务模式；④科技示范园区、示范场推广服务模式；⑤农民经济合作组织服务模式；⑥商业流通服务模式；⑦科研机构、大专院校推广服务模式。

由于多元化的农业推广模式在我国尚处于探索阶段，各模式之间存在着组织协调与机制有效连接问题。因此，随着农业推广事业的发展，推广内容的拓宽，加强各模式之间的协调，形成各资源要素的最佳组合，发挥多元化主体的整体效能是今后农业推广要探讨的课题。

对于我国农村科技服务体系具体模式，研究比较多的有陕西宝鸡的"科技专家大院"模式和福建南平的科技特派员制度。宝鸡市委在 1998 年提出了"典型示范、效益诱导、科技服务、良种先行"的发展思路，寻求依靠科技支撑，调整农业和农村产业结构。1999 年分别在田间地头、龙头企业、产业带上建起了农业科技专家大院，直接把高科技转化、嫁接到传统农业上，辐射带动了 10 多个乡镇、140 多个村、50 多万农户，有效地解决了科技与农民的对接。福建南平市建立了"科技特派员"下乡服务制度，创新了农村科技合作组织方式。"科技特派员"到农村后，通过抓典型、抓培训、抓项目、跑市场等工作，用市场经济的办法把市场、科技和农民捆在了一起。除以上两种模式之外，很多地区在实践中对以下几种模式进行了有益的尝试，取得了较好的效果：①专家 + 涉农企业 + 示范农户模式。以大专院校、科研单位为技术依托，以涉农企业为龙头，带动周边农民参与的形式；②专家 + 农村专业经济合作组织 + 示范农户模式。政府引导，专家指导和技术培训，农村专业经济合作组织参与带动共同致富的形式；③专家 + 示范基地 + 示范农户模式。以各类示范基地牵头，专家咨询指导和技术培训，农户参与的形式。但是总的来说，我国的现代农村科技服务体系无论是在建设还是在研究上都处于初期阶段，是不完善的，深入研究农村科技服务体系创新的问题将对我国农业经济的增长起到极大的推动作用。

（三）研究方法与研究内容

通过理论分析和实证研究力求阐明以下几个问题：①农业科技服务体系概述；②武汉市农业科技服务体系现状的实证分析；③武汉市农业科技服务存在的问题与深层次原因；④提高武汉市农业科技服务体系运行效率的政策建议。因此，本文的研究内容可分为以下几个部分。

1. 农业科技服务体系概述。主要从农业科技服务体系的结构和功能、发达国家农业科技服务体系的形成与发展、发达国家农业科技服务体系的主要特征等方面展开叙述。

2. 武汉市农业科技服务体系现状的实证分析。围绕武汉市农业科技服务体系的基本态势、武汉市发展农业科技服务体系的潜在优势、武汉市农业科技服务体系发展中存在的主要问题等方面展开分析。

3. 武汉市农业科技服务体系问题产生的深层次原因分析。

4. 加快武汉市农业科技服务体系创新，提高武汉市农业科技服务体系运行效率和服务质量的政策建议。在理论分析和实证研究的基础上，有针对性地提出了政策建议，供相关部门决策时参考。

二、理论基础

(一) 农业科技创新体系理论

所谓农业科技创新体系就是一种有关农业科技投入、农业经济增长过程之中的制度安排，其核心内容就是科技知识的生产者、传播者、使用者以及政府机构之间的相互作用，并在此基础上形成科技知识在整个社会范围内的循环流动和应用的良性机制。具体来讲，农业科技创新体系是以公共部门的农业科研机构、高等院校、农业科技推广服务机构组成的国家农业科技创新体系；农业企业技术创新体系；农业科技中介服务体系以及国内外农业科技创新环境组成的网络系统。其活动是为了创造、扩散和使用新的农业科技，改善农业科技资源配置，提高农业科技资源利用效率，增强农业科技创新能力，最终目的是推动农业科技创新。

根据拉卡托斯的观点，任何一种理论体系都应该有其理论硬核和保护带。农业科技创新体系的理论硬核的基本假定是：农业科技创新是经济增长与福利的关键，而且它是一个相互作用和深化社会内涵的过程；产业经济结构与制度的特点为技术学习与技术创新提供了迥然不同的可能性，决定着专业化和学习条件，并最终决定着一国的技术实绩，即创新过程中各种活动主体之间的联系对于改进技术实绩有着决定性作用。农业科技创新体系理论硬核的保护带的基本假定是：农业科技创新体系的核心是一种制度安排，其核心是科学技术知识的循环流转及其应用；农业科学技术知识的循环流转是通过农业科技创新体系各部分之间的相互作用实现的：这种相互作用的实质就是学习，它是技术创新的源泉；这种流动主要是在一国疆界范围之内进行的，国家边界对于知识流动来说是有影响的。国家专有因素对于这种科学技术知识的流动的方向和效率有着直接的影响，这种科学技术知识的流动的方向和效率直接影响到一国的农业和农村经济增长实绩。农业科技创新体系也可能存在系统失效的问题，即有可能出现制度失效。农业科技创新体系是历史的、动态的，一般不存在一个农业科技创新体系的最优模式。

(二) 制度变迁与制度创新理论

新制度经济学的代表人物诺斯认为：在研究长期经济增长时，制度与产权的价值常常会发生根本的变化。假定经济制度会被创新，产权会得到修正，因为它表现为个人或团体渴望承担这类变迁的成本，他们希望获得一些在旧有的安排下不可能获得的利润。在这里，诺斯指明了制度变迁的前提是由于价值变化引起的制度失衡，制度变迁的原因在于出现了原有制度安排下不可能实现的潜在利润，为获取这种潜在利润促使个人或团体采取行动促进变迁，并承担变迁成本。诺斯在此使用了利润而不是收益的概念表明，变迁主体是否采取行动的关键在于成本和收益的比较，只有当预期的净收益超过预期的成本时，制度创新才会被执行。

诺斯认为，诱致人们去努力改变制度安排的收益来源主要有4个：一是规模经济。为实现以最低的平均成本进行生产促使企业进行追加投资、更新技术等行动以改变企业规模。二是外部性。外部成本和收益的存在往往意味着效率或福利损失，要降低这种损失必须采取行动更新制度以使外部性内部化。三是克服对风险的厌恶。如果有些能够克服厌恶风险倾向的机制被创新（如将这些人的风险集中于不厌恶风险的人），总利润就可能增加，或使得风险的结果相应于所获得的收益表现得更为确定。四是市场失败和不完善市场的发展。由于信息的不完全性和交易成本的存在，使经济的不确定性增加和效率损失，可能使市场失败或不完善，从而使市场中存在着现有制度安排下不能获取的潜在利润，进行制度创新以提高信息的获取和传递效率、降低经济的不确定性，减少交易成本是获取这种利润的关键。

少数开拓者以企业为载体，研究、开发的科技产品直接进入市场，通过科技与生产的结合，推进了经济发展，自己也获得了巨大的经济效益。然后，多数人效仿少数先行者的创新行为，使科技产业化经营获得大的发展。农业科技产业化之所以必然发生和发展，是因为这一制度创新具有消除科技长入生产、长入经济的体制障碍，生成新的高新科技发展机制，形成科技产品的规模优势，降低生成和交易成本等功能，其运行主体的预期经济效益会大大高于成本，存在着利益的驱动力。农业资源约束变化和农产品市场需求变化会导致农业技术创新和制度创新。当旧的农业制度失衡时，新制度安排的获利就会出现，社会作为一个整体就会从制度创新中获利。但是，新的产权重新界定会引致社会财富和政治权利的变化。黄季焜（2000）认为，制度创新与技术创新紧密相连。如果一个国家科研投资的效益非常显著，但缺乏相应的保障科研单位、科研人员以及生产者实现该效益的制度，那么该国的新技术产生和发展将会受到阻碍。因此，技术创新及对科研潜在效益的需求强有力地谤导了相应制度的产生。

制度变迁的方式主要分为两种：强制性制度变迁和诱致性制度变迁。强制性制度变迁是一种供给主导型制度变迁，其典型形式是政府运用法律的、行政的力量所推动的制度变迁。诱致性制度变迁实际上是一种需求主导型的主导变迁，它不是由政府强制实行的主导变迁，而是人们响应由制度不均衡引致的获利机会时所进行的自发性制度变迁行为。诱致性制度变迁需要政府放松约束才能实现，政府也可以通过说服和利益引导的方式间接地影响制度变迁。农业科技产业化经营是一种制度变迁即技术创新，是农业科技进步、农业生产力发展和农业经济发展的必然产物。农业科技产业化是一种新的产权制度和运行方式，属于诱致性的制度变迁。

（三）农业科技服务体系的结构和功能

先进的农业科学技术能够为推动农业生产发展提供巨大的动力，但只有将这些先进的科学技术应用于农业生产实践中，才能实现农业经济的飞速增长。先进科技直接与农业生产资料相结合，转化成巨大的经济效益，最终要依靠农业生产者的劳动。然而科技进步与广大农民的生产行为之间没有一条天然的通道，农民只有通过教育、科研和推广等社会化服务部门的宣传、示范和协助才能逐渐采用新的农业科技成果。各项农业科技成果在农业生产中的扩散速度及广度都高度依赖于一个国家或地区农村科技服务体系整体水平的高低。

（四）农业社会化服务体系

随着农业生产力的发展和商品化程度的不断提高，社会化分工不断细化，传统上由农民直接承担的农业生产环节越来越多地从农业生产过程中分化出来，发展成为独立的新兴涉农部门，这些部门同农业生产部门通过商品交换相联系，其中有木少通过合同或其他组织形式，在市场机制作用下，同农业生产结成了稳定的相互依赖关系，形成一个有机整体。这样，把社会上许多部门向农业提供的服务相互联接起来，构成一个网络和整体就形成了农业社会化服务体系，该体系的主要功能就是为农民提供各种能够满足其农业生产需要的社会服务。农业社会化服务属于"第三产业"的范畴，属于国民经济中能提供服务，取得无形收益或创造财富而不生产有形货物的产业部门，又称为服务行业。

农业社会化服务体系，在有些国家被称为一体化的农业服务。农业社会化服务体系的建立是经济发展过程中的一种必然，这是由经济社会的本质所决定的。农业社会化服务体系的发育程度是一个国家农业发展水平的根本标志。不同国家农业社会化服务体系的建立要受到诸如当地的自然资源、基础设施、农业发展水平、农民的文化和素质以及政府政策等一系列因素的制约。农业社会化服务体系按其功能一般可划分为：农村科技服务体系、农村金融服务体系、农业供销服务体系以及农业信息服务体系，其系统结构如图1所示。

（五）农业科技服务体系及基本功能

农村科技服务体系是指由服务于农业生产的各行业、部门、组织、集团等组成，旨在通过研发农业生产新科技，并使之转化为现实生产力的农村科技服务综合系统。农村科技服务是农业社会化服务的重要组成部分，农村科技服务整体水平是影响农业

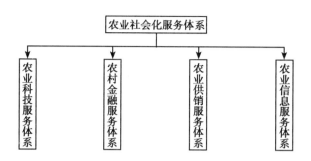

图1 农业社会化服务体系结构图

社会化服务体系乃至整个农业及国民经济发展的关键因素。

不同的国家由于其资源禀赋，经济发展水平，社会政治制度等诸多因素的差异，在长期的农业和社会经济发展过程中，形成了各具特色的农业科技服务体系，一般来说，传统的农业科技服务体系都由农业教育、农业科研和农业科技推广3个体系构成，这3个体系被称为农业发展的"三大支柱"。随着世界经济一体化的不断深入，计算机、互联网等相关技术的迅猛发展及广泛应用，农业科技信息服务体系也成为现代农村科技服务体系中不可或缺的内容。

农业教育体系是农村科技服务体系的基础，其基本职责就是对农民和其他农村居民进行培训，使其文化素质得以提高，适应现代化农业生产的要求。农业生产劳动者是农业科技成果的直接使用者，是实现科技成果向现实生产力转化的关键，只有具备一定文化素质的劳动者才能够有效地接受和掌握先进的科技成果。在家庭联产承包责任制下，农户是生产的主体和最终决策者，农民素质的高低不仅影响农业科技成果扩散速度，也决定着一项新型农业科技成果能否最终转化为现实生产力。因此，建立针对广大农业劳动者以及农村居民的农业教育体系是完善农村科技服务体系的最基本要求。

农业科学研究体系是农村科技服务体系的关键，它的主要任务是针对本国或某一地区的自然资源条件等实际情况，进行农业科技的创新，使农业受土地等资源的限制程度得到缓解，增加农业产出，实现农业的可持续发展。广大农业科研部门、大专院校及具有较强研发能力的涉农企业是农业科技成果的主要提供者，在整个农村科技服务体系中属于供体。农业科研部门所提供的科技成果的数量和质量决定着农业科技推广及农村生产的发展。

农业科技推广体系是农村科技服务体系的核心，其根本任务就是把农业最新科研成果介绍给农业生产者，是实现农业新科技向现实生产力转化的桥梁和纽带。目前，在农村科技服务体系中承担推广职责的有各种类型和性质的组织，较为典型的是国家有关农业部门、农业科技中介组织、各种农民组织和大型农业生产龙头企业等。农村科技体系不同模式的划分一般是按照农业科技推广体系的模式进行的。科技推广部门与科研单位和农业生产者联系的紧密程度，决定了农业科技成果转化率的高低及高新农业科技成果在农业经济增长中所占的份额。

农业科技信息服务体系是农村科技服务体系各项功能得以实现的手段，其基本功能是搜集和整理农业科技最新的成果，以及受体对农业科技成果的需求信息等，并采用一定的手段在受体和供体之间实现信息准确、快速地传递。在信息化服务不断加强的前提下，农业科技信息服务体系从农业科技推广体系中逐渐地分离出来，成为相对独立的子系统，承担着农业科技成果搜集、整理和发布的功能。农业信息服务体系需要借助大量的传媒工具实现其功能，例如，电视、报纸、网络等。农业信息化程度也是考察一个国家和地区农业现代化程度的重要指标。

农村科技服务体系各子系统之间既是相互独立的，相互之间又有交叉，通过横向和纵向之间的密切联系，共同影响着整个系统在总体功能上的实现。

三、面向农业产业化开展农业科技服务的必要性

当今，发展农业产业化已成为提高农村经济水平的主流。农业科技服务的改革必须面向农业产业化而展开。农业产业化的目的是生产最终产品投入市场，而产品在市场竞争中能否占有和占有多大市场份额，这完全取决于融入产品内的技术含量高低及其新颖程度和游离于产品之外的市场运筹技术。所以说，科技在农业产业化中起主导地位，没有科技服务，就没有产业化，它是农业产业化的根本，而其他服务如供销服务、信贷服务、保险服务等是保证产业化实现的手段。一方面，科技服务要满足市场对科技成果的需求。必须充分认识到，现阶段的科技服务已不单是科技成果的推广，而应从科研开始，面对现实或长远的市场行情，确定研究方向，不能等成果出来后再费力不讨好地推广。另一方面，科技服务要渗透到农业产业化的各个环节，进行全方位和系列化服务。农业产业化实现了种养加、产供销一体化经营，从初级产品的生产，经过各个生产环节，到生产出占有一定市场份额的最终产品，形成各个生产环节，到生产出占有一定市场份额的最终产品，形成一条产业链。科技服务要保证产业化链每一环节上技术的先进性、相关性、配套性、成熟性，使新技术、新成果渗透到产前、产中、产后的每个环节中去，形成一个全方位、系列化的科技服务体系。而且产品生产中各个环节的独占性技术份额越高，市场竞争力就愈强，产品附加值也越高，那么科技服务能否针对农业产业化各个环节进行全方位系列化服务也就关系到整个产业的经济效益。

农业科技服务体系的完善与否关系到农村改革的深化、农业生产的专业化、社会

化、规模化能否实现，也是农业能否实现现代化的一个重要标志。现代化农业科技体系只有走产业化发展的道路，才能使之成为服务于农业生产和农村生活的一个重要产业——农村第三产业，才是符合现实的正确选择。所谓农业科技服务产业化，就是农业科技服务活动实现以法人经济实体对农业生产活动提供全方位、全过程的专业化、社会化服务，服务形式规范化、法制化，服务手段现代化。要改变传统的依靠行政机制建立的作为"事业"的科技服务为与市场接轨的"产业化"服务。现行农业科技服务体系向产业化方向发展的途径、运行机制和服务模式，如何发挥农业产业化服务组织和龙头企业在科技服务体系中的作用，13亿人口的粮食供应和18亿亩耕地江滩，人民群众对食品安全、健康的需求等问题，都是科技服务产业化所要研究和探索的问题。

（一）适应农业可持续发展的要求

可持续发展已成为我国的一项基本国策。要在农业生产领域增强生态、环境和资源意识，建立可持续发展合理的技术供给和需求结构，探讨如何在农业生态环境建设、开发绿色食品等方面，发挥农业科技服务体系的作用。

（二）适应农业国际化现代化的要求

国际化是我国农业发展的一个基本趋势。加入WTO后我国农业向国际化迈进重要一步，有利于我国农业更好地进入世界市场。但也暴露了我国农业发展中的许多缺点和劣势。要树立大市场、大农业观念，发挥本地区农业比较优势，加大科教兴农力度；要大力调整和优化农业生产结构，适应国内外市场变化的需求；要加快实施农产品质量工程，全面掘高农产品质量档次，开发优质名牌农产品；要加强农产品质量监督体系和动植物防疫体系建设，加快实施符合国际要求的农产品卫生安全标准，开展农业标准化服务工作；要加强产后加工技术引进开发，提高农产品加工档次和附加值；做好外向型农业的各项服务工作，提高与国际接轨的贸易规则和法律咨询服务、国际市场信息服务等，都需要全新的农业科技服务体系的支撑。

四、武汉市科技服务新农村建设的主要模式

（一）民间组织型科技服务模式

这种模式包括农村科技合作社和农民专业合作组织农户两种具体形式。农村科技合作社是近几年国内涌现出来的一种全新科技服务模式，这种模式是在政府引导下，

农民自发组织，自愿入股，以会员方式吸纳不同层次的群众参加，并享有一定权利和义务，以农业科技为主，提供产前，产中、产后全方位服务的新型互助合作组织。农民专业合作组织是指以家庭承包经营为基础，以农民为主要成员，围绕某个专业或产品组织起来的，在技术、资金、采购、销售、加工、储运、开发等环节开展互助合作的经济和技术组织，是农民自我服务、自我发展和自我保护的一种行之有效的组织形式。一些较大规模的农民专业技术协会或合作社，均具有不同程度的科技服务功能。这种形式有利于为农户提供及时方便的科技帮助，解决日常生产经营中的问题，但作为一种民间组织，尤其在我国，小、散、弱，规范化、诚信度不够导致其服务的科学性有待提高。

(二) 政府创建型科技服务模式

主要包括科技信息"户"联网和农村科技特派员制度两种形式。科技信息"户"联网工程作为创新农村科技服务体系的一种模式，旨在解决科技信息在农村基层的传播和应用问题，切实改变目前农村信息资源局部封闭、难以共享的现状，使农村基层的企业、农户及个体经营者及时获取急需的科技信息。科技特派员制度是一种发端于农村基层并在政府积极推动下逐步形成和完善起来的新型农村科技服务模式。科技特派员下乡服务，主要就是引导大批科技素质较高的人才深入农村，充当催化传统农业与现代经济接轨的特派员，在科技与农民直接联系中建立起一个推广服务的新机制、新平台。

主要做法是：①高位下派，实行双向选择，从市、县、乡3级涉农部门选派科技人员进驻行政村。②与农户直接结合，把科技送到千家万户，解决科技入户"最后一公里"问题。③创建利益共同体，建立农民与科技人员长效合作机制，利益共享，风险共担。④坚持服务牵引、典型示范和项目带动，重点为大户、企业、科技示范园服务，培育典型，发挥示范效应。⑤按产业整合，实行集约化的联动科技服务，对接主导产业，发展科技社会化服务功能。⑥通过科技特派员的沟通和链接，上挂高校和科研部门，农、科、教结合，下连科技示范户，并与市内各有关部门建立横向联合与协作。⑦建立特派员网站，发挥现代大众传媒的作用。⑧对科技特派员坚持利益驱动为主，辅以必要的行政管理措施。⑨成立由农委、科技局牵头，各有关部门参与的科技特派员联席会议制度，并设立办公室，协调科技特派员工作，整合各方面资源等。通过抓典型、抓培训、抓项目、抓市场、建立利益共同体等方式为当地农民提供全方位、多层次的科技服务，探索出一条科技与农业携手的技术推广新路，已经取得了良好的社会效益和经济效益，得到了广大农民欢迎。农业科技特派员制度是对整个农村科技体制的一个改革和补充，不仅有效地推动了农村科技工作，而且还促进了农村经济结构调整，促进了农业科技成果的转化，推进了科技与农业携手合作，造就了一批优秀的科技人才，密切了党群、干群关系。但对个人要求高，覆盖面和针对性还不能满足农民的要求。

（三）企业型科技服务模式

这种类型主要表现为"农业产业化龙头企业基地 + 农户"的形式。它主要有两种形式"农产品加工企业 + 农户"和"农业流通企业 + 农户"。近两年来，各地各级认真贯彻落实中央文件，深化农村各项改革，扎实推进农业产业化进程。以此为契机，一大批综合实力较强的龙头企业乘势而起，使我国农产品加工规模不断壮大，基地建设不断扩张，受益农户越来越多，龙头企业为农民提供的科技服务也越来越多。但其主要从产品销售出发，服务能力有限，且各行业之间信息隔裂，有效性不足。

（四）官、产、学、研合作型科技服务模式

这种类型以农业科技专家大院为代表。它通过聘请一批科技专家、建成一个科技培训基地、孵化一批农业科技企业，实现科技与农户的有效对接，把科技直接导入农村，为农业发展和农民增收注入活力。专家大院集农业科研、试验、示范、培训、推广于一体，服务农业与农民，从而为加速农业科技向科技农业转化搭建了一个综合平台。目前，农业专家大院的运作方式主要有 3 种：一是产业龙头型，即专家大院主要建在龙头企业，通过专家技术入股等形式，形成了"专家 + 龙头企业 + 农民"的发展模式。二是科研开发型，即专家大院以经过改造的农技推广机构为主要依托单位，在科技转化中形成了"专家 + 技术推广单位 + 农民"的发展模式。三是技术推广型，即专家大院主要依托当地的各种农村专业协会，通过科技服务有偿化，形成了"专家 + 中介服务组织 + 农民"的发展模式。专家大院成立以来较好地发挥了试验、示范和辐射带动作用，增强了农业科技创新能力，促进了农业新产品的开发，加快了农牧业良种繁育步伐，有效地解决了农科教分离和科技信息流通不畅的局面，保证了各个服务主体利益，提高了广大农民和基层农技推广人员的科技素质。但农业科技专家大院模式还处于初级阶段，没有形成规模化、规范化，带动作用还不够突出，还存在着许多不完善之处，需要深入发展。

（五）大学工程型科技服务模式

大学进行农业推广活动符合当前农业推广的客观实际。我国农业科技成果的转化率只有 30% ~ 40%，推广度只有 20% 左右。只有大学工程型科技服务模式才能开发高等院校的推广潜能，发挥其在农业推广中的重要作用，把其创造的科技成果应用到

农业生产中，才能有效地加强我国的农业推广工作。工程都是围绕全面建设农村小康社会和农业现代化的战略目标，以农业和农村经济结构战略性调整为主线，以提高农产品科技含量和农业综合生产能力、建立农业持续增效和农民持续增收的长效机制为核心，旨在探索和建设以农业大学为主导的新型科技推广体系。这种模式可以有效的将科研成果推广应用，用于农业生产，有利于提高科技成果的转化率。但周期长，初始期农民接受能力有限，后期的支撑保障有时也无法完全保障。

（六）示范带动式的科技服务模式

农村科技服务的事件证明，典型示范、以点带面，是引导农民更新观念、勇于实践、支付奔小康的行之有效的途径。农民作为风险厌恶者，力图规避一切风险，这时，需要弘扬科学精神、传播科学思想、普及科学知识、推广科技成果，并充分发挥科技示范基地、示范村、示范户的示范带动作用，用农民看得见、摸得着、学得会、用得上的典型实例辐射带动更多的村民依靠科学技术调整农业结构，为实现全面建设小康社会的目标作出了较大的贡献。这是最易为农民接受的方式，有利于合作社等新的组织形式产生。但影响扩散较慢，具有自发性和松散性，需要大力宣传引导。

（七）教育推动式科技服务模式

农民自身知识积累所实现的技术进步是农村经济长期增长的推动力，教育起着创造知识、改造知识、传播知识的关键作用。农村要摆脱贫困，必须从教育抓起。通过科技培训、宣传教育等形式，帮助农民解决生产中的技术难题，并积极引导和鼓励群众转换思路，调整种植结构和品种，发展优质粮食、高效经济作物和特色农业，发展畜牧、水产养殖业，发展以农副产品加工业为重点的农村二三产业，帮助群众开辟新的增收渠道，培育新的经济增长点。市场约束是影响农村经济发展的重要因素，信息闭塞、知识传递渠道不畅通是制约农村经济发展的瓶颈因素之一。发展产业化经营，必须大力开拓市场，掌握市场信息，为龙头企业和农户进入市场、提高市场占有率创造条件，通过多种渠道传递信息，使农民朋友学习、了解到很多种植、养殖技术和市场信息，转变了观念，增强了市场意识，为农业结构调整奠定了基础。但此种方式是单向性，难以与农户产生互动，针对性和实效性不够。

五、武汉市农业科技服务新农村建设的对策和建议

随着社会主义市场经济体制的建立和完善，农业和农村经济发展已进入到一个新的历史阶段，特别是加入 WTO 后，农业和农村发展面临许多新的挑战，农村二元结

构更加突出，为农业科技服务体系创新提出了新的要求，创新农业科技服务体系，建立多元化的新型农业科技服务体系已成为现阶段农业发展的迫切需求。采用多元模式综合应用，加强农技推广服务体系建设，7 种模式互为补充，克服其不足，发挥其优势，使整个体系人员稳定，层次清晰，各施其职；院校、企业、基层农技人员、农户形成综合互动体系；引入竞争评价机制，促进中介服务机构功能完善。

（一）切实加强农技推广服务体系建设

农技推广体系要围绕实施"品种、技术、知识"三大更新工程和农业结构调整、农业产业化经营，加快改革、转换机制，不断拓宽服务领域，增强服务活力。通过技术承包、技物结合等多种形式，发展农技服务产业化；通过提供农产品市场价格、供求信息，引导农民调整农业结构；通过参与农产品加工流通，帮助农民进入市场，逐步形成系列化的配套服务。

（二）充分发挥其他服务组织的协调作用

农业科研、教育机构要发挥人才、技术优势，通过建立示范基地、送科技下乡，创办产学研联合体等形式，为农民提供科技信息，开展技术培训，推广科技成果。积极鼓励、大力扶持农业专业合作组织、农业技术协会、产业化龙头企业、农业科技企业为农民提供信息、科技、加工、销售等方面的服务。加强对农业社会化服务体系管理，规范成果推广、有偿服务、技术承包、技物结合、合同收购等服务行为。

（三）强化对农业科技服务的保障作用

增加农业科技投入，是建立健全农业科技服务体系的重要保证。目前，农业科技投入明显不足，严格制约了农业科技服务工作的开展和科技成果转化。针对多机制、多功能的农村经济服务实体，把经营的出发点放在无偿或低偿服务上。农村经济服务组织，应端正指导思想，处理好服务与经营的关系，立足"围绕服务搞经营、办好实体促服务"，强化为农服务意识。要按照农业两法的有关规定，确保财政支农资金增长幅度高于财政支出增长幅度，切实增加农业科技投入。对常规、普及技术实行无偿服务；对开方配药、适用技术实行低偿服务；对高难技术实行有偿服务。各级财政要调整现有支农资金的使用结构，把支持科技服务体系建设作为一项重要任务。在各类农业投入资金的使用上，也要增加科技服务体系建设的比重。积极改革农业科技投资体系，鼓励各类外资、各类企业、农业合作组织和农民参与农业科技投资，兴办服务实体。金融部门应积极为农业科技服务组织提供信贷支持。逐步形成以财政资金为导向、各类企业和农业合作经济组织、农民投入为主体的多元化投入机制。

（四）重视和培养各类科技和管理人才

如何用好现有科技人才和培养一批未来的科技推广骨干，是建设农业科技服务体系的关键。要针对现有农技推广人员知识老化和结构不合理的问题，实施农技人员"知识更新工程"，尽快培养和造就一批适应市场经济需求和产业化要求的懂技术、会管理的复合型人才。同时要选准其他各类服务组织的带头人，鼓励和吸引具有市场经济知识、懂技术、善营销的开拓性人才创办或领办各类科技服务实体，大力支持农业专业合作组织、种养大户、农业企业等参与技术培训，提高自身素质，提高服务水平。一是涉农高校要通过各种渠道，让高层次人才深入生产一线，从农业生产实际需求入手，研究科研成果，强化高校培养和输送高层次人才的能力；二是丰富基层技术人员类型，有效破解农村人才、技术缺口，培养农村基层组织负责人、农业技术推广员、农村经纪人等各类人才；三是对农户，尤其是科技示范户进行职业培训，培育其成为既懂技术、又懂管理的复合型农业生产者；四是通过政策、信息、技术等方面扶持，培育懂技术、善经营、知市场的新型农民企业家。

（五）丰富和创新农业科技指导方法

针对低素质的农业劳动力结构，改进农业科技指导方法，把科技培训的着力点放在田间示范传递上。由于历史的原因，目前，农业劳动力普遍存在低文化、低素质的问题，难以适应传统的农业向现代农业、自然经济向市场经济转变的要求。如何提高科技在农村的接受程度，现阶段除了加强农村劳力的培训、教育外，比较现实的途径是要把科技培训着力点放在田间示范传递上。一是要推广农村信息化，充分利用信息化成果，丰富农技110、视频诊断等信息化手段，为农民提供涵盖技术、政策、市场等多种内容的信息化服务；二是充分利企业＋基地、企业＋农户等生产模式，强化企业培训一线生产者的能力，提高农户生产力与产品质量；三是进一步发展壮大农村科技示范户、专业户队伍，提高其利用科技的能力，增强其示范带动作用，使之遍及武汉市农村所有村组，使周边农户能切身感受到科技成果带来的收益；四是农技人员要与农民实行面对面的技术指导，用田头讲座、田头诊断、田头示范等形式，把技术直接送到千家万户，农业技术学校应把培训重点优先放在村农技员和"两户"队伍上，并逐年轮换，以从根本上提高劳动者的素质。

（六）以农业信息化为支撑

当今世界正在由工业化的时期进入信息化时代。现代信息技术正在向农业领域全面渗透，现代化农业科技服务体系必须以农业信息化为支撑。信息农业的基本特征可概括为：农业基础装备信息化、农业技术操作全面自动化、农业经济管理信息网络化。在现代化农业科技服务体系建设中要把推进农业信息产业化作为工作重点。所谓农业信息产业化，就是将农业信息的采集、加工、传递、反馈、服务等形成一个一体化的、以信息咨询为主的知识密集型产业，它是农业社会化服务中新兴的独立的第三产业，是农村社会、经济发展的必然趋势。实现农业信息产业化是发展高产优质高效农业的需要，是农业信息部门转变职能、自我发展的需要，也是推进农业社会化服务的需要。加速农业信息产业化道路，应从以下几个方面入手，把农业信息服务业逐步引向产业化的道路。①提高思想认识，制定产业化发展的目标；②注重培养人才，加强农业信息人员队伍建设；③加大投入力度，逐步改善农业信息服务手段；④兴办信息经济实体，走自我发展自我完善的产业化道路；⑤提高信息商品的意识，建立信息市场。

（七）制定和落实优惠政策

根据《中华人民共和国农业法》的规定，对于农技推广机构、农业科研单位和有关学校举办的农业服务企业，国家在税收、信贷方面要给予优惠。对科研单位在农业技术成果转化、技术培训、技术承包等取得的技术性服务收入、乡镇农技站有偿技术服务取得的收入以及农业专业合作社、专业技术协会开展的技术和劳务服务取得的收入应减免征收所得税。可借鉴发达国家的做法，对专业合作组织经营的农副产品或初级加工产品，视同农户经营，免征所得税；对合作社分配给成员的股金、红利及其他收入免征所得税。工商部门对各类服务实体在办理注册登记时，应给予支持和照顾。

（八）加强农业科技服务体系建设的领导和协调

各级政府要把农业科技服务体系建设摆到农村工作的重要位簧上来，制定规划，常抓不懈。要以县级为主体，在县、乡、村三级建立起服务功能比较齐全的农业服务体系，逐步开展全程化、系列化服务，使农户受益率不断扩大。要建立农业科技服务协调机制，引导和鼓励各级供销、农技推广、非农工商企业参与农业产业化经营，组建各类专业合作组织，参与农业科技服务，政府要协调好备方面的利益关系，出台规范服务行为的政策性文件，保证农业科技服务事业的健康发展。

六、制定保障措施

武汉市农村星火科技示范村、示范户体系是一项促进科广大农村传播、推动农业结构调整、促进农民增收，需要整合各方面优势资源和力量。强化保障措施。项目承担单位及各区科技局把示范体系纳入议事日程，建立健全管理制度，联合乡镇推广策划，周密组织，抓好示范点服务工作，注重发挥辐射功能，不断提高农业科技成果入户率和到位率。

强化监督管理。一是区科技局应会同乡镇推广站一起对科技示范户创建活动的实施进行指导和督查；二是严格实行技术服务档案管理，详细记录对示范户的指导、培训等工作内容适时进行记录和评价；三是实行动态管理，要选择好示范户，使示范户能真正起到示范带动作用，产生放大效应。对示范作用差、周边农户不满意的示范户，经调查核实后取消资格。

强化服务能力。农业科技人员要深入生产第一线，重点抓好关键环节、关键季节和重点对象的技术指导，帮助示范户解决一些实际困难。要落实好配套措施，对示范户在技术、信息、项目等方面予以扶持。

（一）几点收获

通过"三新"成果推广、培育示范村户、前期组织申报、收集整理材料、专班初选、实地考察、专家评审、实地指导等多个环节，最终确定授牌的18个星火科技示范村、90户星火科技示范户代表了各区优势产业与特色，是优中选优的结果，具有良好的示范带动作用，具体表现如下。

1. 具有高效生产模式

星火科技示范村、示范户在促进发展产业时，具有高效生产模式。蔡甸区洪北管委会的老河村、汉南区邓南街的水一村等地引入企业，农民将土地流转给企业，企业获得大面积生产用地，便于集中管理以及进行规模化生产，形成特色、优势产业，而农民一方面直接获得土地流转收入，另一方面妥雇于农业企业，获得务工收入，农民不用外出务工也能获得丰厚收入，同时又将农民留在田间地头，发挥出其务农技能。黄陂区蔡店乡的姚家老屋村等地采取的是企业直销的模式，姚家老屋村同样也引入农业企业，企业生产有机蔬菜，产品品质与价值较高，企业采用在武汉市区直销的模式将产品投放市场，减少流通环节，保证品质，有效解决了假冒产品冒充企业有机蔬菜的问题。另外，在工作专班实地考察阶段，工作人员还发现许多其他值得推广的生产模式，例如新洲区双柳街的吊尾村，整体将土地流转给企业作为基地与办公场所，形成了显著的规模效益，并成为湖北省整村土地流转第一例。

2. 产业发展特色突出

各新城区星火科技示范村、示范户从事产业大部分为各区特色产业，如黄陂与蔡甸蔬菜、新洲与东西湖水产、江夏苗木、汉南林果。在突出各区特色产业的同时，星火科技示范村、示范户产业发展也自有特色，形成了特色突出结构合理的产业结构，如黄陂发展茶叶、新洲发展食用菌、江夏养猪、东西湖蔬菜、汉南玉米、蔡甸水产（表1）。

表1 新城区星火科技示范户分行业汇总表

产业	行业	黄陂	新洲	江夏	东西湖	汉南	蔡甸	总计
种植	蔬菜	5	2	0	3	3	3	16
	茶叶	1	0	1	0	0	0	2
	食用菌	0	2	1	0	0	1	4
	花卉苗木	0	0	3	0	0	2	5
	水果	0	0	1	1	3	0	5
	水稻	0	0	1	0	0	0	1
	花椒	1	0	0	0	0	0	1
	玉米、西瓜	0	0	0	0	1	0	1
养殖	猪养殖	2	0	2	0	2	0	6
	鸡养殖	3	1	2	1	0	1	8
	水产	1	8	2	9	4	5	29
	蚕	0	1	0	0	0	0	1
	鸭、水产	0	0	1	1	0	0	2
种养殖	猪、苗木	0	0	1	0	0	0	1
	猪瓜菜	0	0	0	0	1	0	1
	水产、苗木	0	0	0	0	0	1	1
	林果蔬菜、猪、鸡	0	0	0	0	0	1	1
	林果、水产	0	0	0	0	0	1	1
模式种养	水稻、小龙虾	0	0	0	0	1	0	1
	竹林土鸡	1	0	0	0	0	0	1
	鸡鸭鱼生态养殖	1	0	0	0	0	0	1
	油茶水稻、鸡循环农业	0	1	0	0	0	0	1
合计		15	15	15	15	15	15	90

3. 科学发展农业观念深入人心

星火科技示范村、示范户"三新"使用率高，科学发展农业观念深入人心。星火科技示范村、示范户采用新品种、新技术、新模式极大提高了农业科技成果转化力度以及生产效率，加快了农业"三新"的推广力度，例如黄陂区蔡店乡姚家老屋村、新洲区徐古镇茅岗村等地采用猪—沼气—有机肥—有机蔬菜生产模式，蔡甸区洪北管委会老河村采用了葡萄西瓜间种模式。另外还有稻虾种养、竹林土鸡等多种养殖模式。

黄陂区蔡店乡的姚家老屋村等地采取的是企业直销的模式，姚家老屋村同样也引入农业企业，企业生产有机蔬菜，产品品质与价值较高，企业采用在武汉市区直销的模式将产品投放市场，减少流通环节，保证品质，有效解决了假冒产品的问题。另外，在工作专班实地考察阶段，工作人员还发现许多其他值得推广的生产模式，例如新洲区双柳街的吊尾村，整体将土地流转给企业作为基地与办公场所，形成了显著的规模效益，并成为湖北省整村土地流转第一例（表2）。

表2 星火科技示范户"三新"使用情况

地区	采用"三新"之一（户）	采用"三新"之二（户）	采用"三新"之三（户）	总计
黄陂区	5	8	2	15
新洲区	8	7	0	15
江夏区	12	3	0	15
东西湖区	4	9	2	15
汉南区	0	1	14	15
蔡甸区	15	0	0	15

4. 专家现场指导、星火培训内容丰富

星火科技示范村、示范户重视田间管理，其中示范村全部有技术专家做技术指导。黄陂区蔡店乡姚家老屋村聘请华中农业大学园艺林学院汪李平教授作为技术专家，汪教授每月两次到现场做有机蔬菜种植技术指导，收到显著效果。江夏区金口街雷岭村谢体文从东北引进紫云黑豆在当地种植，为保证作物适应本地环境，谢体文专门从吉林请来技术专家做长期技术指导。此外，各星火科技示范村、示范户聘请技术专家由省、市、区、街（乡镇）多级构成，专家资源得到充分利用，很多地区还有专家为农民进行技术培训，或者由村里建立培训基地，统一聘请专家来为农民进行星火培训。

5. 示范带动作用明显、示范产值和人均收入高

星火科技示范村、示范户无论是在新品种、新技术、新模式的引进，还是在生产技术示范指导等方面都起到了明显的带动作用。例如黄陂区李家集街龙须河村熊燕在外打工多年后，回到村里开始创业，其养殖鸽子销路稳定、技术成熟，取得良好回报，并带动了周边36户农民共同养殖。熊燕不仅为周边农民引进良种，还在养殖技术上积极给予指导。目前，熊燕在市科技局小康工作队的帮助下取得了营业执照，正在积极办理小额贷款，准备扩大生产规模。蔡甸区老河村洪北管委会老河村推广西甜瓜种植。由于当地没有大规模种植西甜瓜经验，村干部就带头种植，并积极为村民讲

解种植西甜瓜的投入产出比。村干部成为种植大户后，农民看到了实惠，纷纷开始大规模种植西甜瓜，几个村干部用诚心带动了整个村农民增收（图2～图6）。

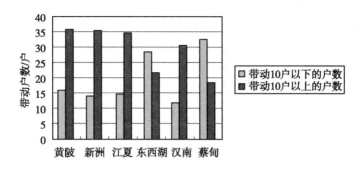

图2　各区带动10户以上的示范户

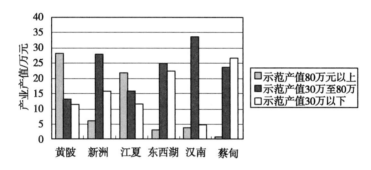

图3　各区示范户示范产业产值

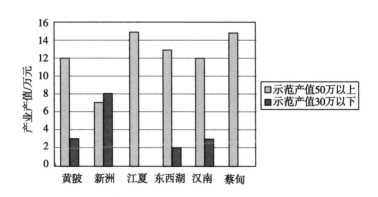

图4　各区授牌示范户示范产业产值

（二）实证研究结论

武汉市农村星火科技示范体系建设重在农村星火科技示范能力建设，它以科技示范为核心，坚持社会效益和经济效益相统一的原则，直接向广大农民推广新品种、新技术、新模式，有利于加速科技成果转化，推动农业结构调整，促进农民增收。通过

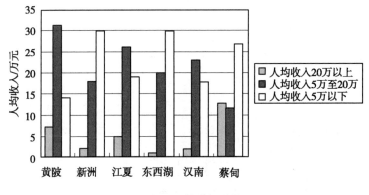

图 5　各区示范户人均收入

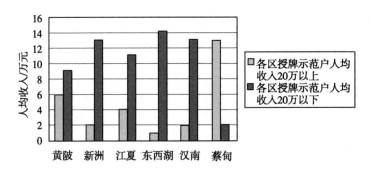

图 6　各区授牌示范户人均收入

实施本项目，为农村培训农业科技致富能手，使农业科技成果不断提供到农业生产领域，并率先转化和推广各种农业科技成果，应用新技术创业致富。在农村科技示范户的基础上，发挥辐射带动作用，以人带户，以户带村，以村带乡，形成一个行之有效的农村科技成果转化示范新模式。武汉市农村星火科技示范村、示范户体系建设，主要研究内容是农村星火科技示范村和示范户建设、加强科技信息服务、开展星火培训、加强农业生产技术指导、加强区域特色优势产业的培育、研究武汉农业科技创新资源，加大科技成果转化力度，引导传统农业向现代农业转变。武汉市农村星火科技示范体系建设分为"户"、"村"和"基地"三级体系。示范户的建设是整个体系的基础。示范户的建立，达到了示范和带头的作用，带动其他农户向示范户看齐，共同致富。再由示范户放大为示范村，在各乡镇中起到示范带动作用，促进出现"一村一品"的农业科技布局。最后由示范村发展为武汉市农业科技产业化示范基地，其辐射面积更广，辐射作用更大，效果更好。示范基地是农业科技集成的载体和信息的辐射源，是连接市场与示范村、示范户之间的桥梁，也是人才培养和技术培训的基地。通过基地、村、户三级体系的示范引导，结合农业专家大院、农技 110、科技培训等多种科技服务手段，加快农业结构调整、提高农业整体效益、推动传统农业的改造与升级。

在此基础上加强科技信息服努、大力开展星火培训、加强农业生产技术指导、加强区域特色优势产业的培育、研究武汉农业科技创新资源，加大科技成果转化力度，引导传统农业向现代农业的转变。项目下一步继续以"增强农民科技创新能力，推广新品种、新技术、新模式，促进农业科技成果转化"为主要内容，结合实际，科学规划，进一步加大星火科技示范村、示范户建设的力度，充分发挥示范村示范带动、典型引路的作用，为全市农业科技发展积累经验。工作重点在巩固好 2012 年星火科技示范村、示范户建设工作的基础上，按照逐年实施、梯次推进的原则，继续培育一批星火科技示范村与示范户，增强"三新"的推广力度与农业科技成果在基层的转化能力。结合农业信息化工作，创新农技推广服务和示范带动机制，做好星火科技培训等配套服务，确保星火科技示范村、示范户的示范带动能力得到不断加强。加大在革命老区开展星火科技示范体系建设力度，扶持老区农业科技发展，增强老区农业科技创新能力。加大农业科技成果转化力度，引导传统农业向现代农业转变。最终建立一套完善的以示范村、示范户为试点示范辐射带动的农业科技成果转化服务体系。还要完善星火科技示范村、示范户遴选与初选标准，使标准更加科学合理。

参考文献

[1] A. Heinz. M Kaltschmitt. R. Stulpangel and K. Scheffer. Cornparision of moist Vs. air-drv biomass provision chains for energy generation from annual crops [1] Biomass and Bio-enorgy, 2001, 197 – 215.

[2] Jennifer F. Reinganum. Market Structure and the Diffusion of New Technology [J]. The Bell Journal of Economics, 1981, 12 (2), 618 – 624.

[3] Lin. Justin Yifu. The Household ResponsibiLity System in China's Agricultural Reform: A Theorctical and Empirical Study [J], Fconomic Development and Cultural Change, Vol. 36. NO. 4 (1988), 132 – 145.

[4] H. 阿尔布列希特，等. 农业推广 [M]. 北京：北京农业人学出版社，1993.

[5] R. 科斯，A·阿尔饮，D. 诺思等. 财产权利与制度变迁 [M]. 上海：上海三联书店，上海人民出版社，2004.

[6] 埃瑞克·菲吕博顿，鲁道夫·瑞切特. 新制度经济学 [M]. 上海：上海财经大学出版社，2003.

[7] 白坤. 打通信息服务的"最后一公里" [J]. 中国农村科技 2005 (5)，7 – 8.

[8] 蔡海航，郭患惠. 杭州市农业信息服务体系现状及对策 [J]. 农业网络信息，2005 (4)，26 – 27.

[9] 陈立平，赵春江，梅方权，等. 印度农村信息化的实践及借鉴 [J]. 世界农业，2004 (10)，134 – 135.

[10] 丁振京. 路径依赖与农业科技推广体制改革 [J]. 经济问题, 2000 (9), 39－40.

[11] 杜华章, 蒋植宝, 王义贵. 现代化农业科技服务体系建设研究 [J]. 农业系统科学与综合研究, 2002 (2), 131－134.

[12] 高启杰. 农业推广模式研究 [M]. 北京: 北京农业大学出版社, 1994.

[13] 郭水田. 试论发展农村信息化 [J]. 农业经济问题, 2007 (1), 45－46.

[14] 韩立军, 盖羽明, 赵水成. 大力推进农业信息化加快社会主义新农村建设步伐 [J]. 山东农业科学, 2006 增刊: 22－123.

[15] 何荣大. 产业技术进步论 [M]. 北京: 经济科学出版社, 2000.

[16] 洪建军, 黄操, 郑业鲁. 广东省农业信息需求、服务与资源共建现状与对策建议 [J]. 农业图书情报学刊, 2006 (2), 21－23.

[17] 胡少华. 农业发展中的政策、制度和技术因素 [M]. 南京: 东南大学出版社, 2004.

[18] 黄淑兰. 浅谈建设现代化农业科技服务体系 [J]. 福建农业, 2002 (11), 24.

[19] 科斯, 诺思, 威廉姆森. 制度、契约与组织——从新制度经济学角度的透视 [M]. 北京: 经济科学出版社, 2003.

[20] 李玉虹, 马勇. 技术创新与制度创新互动关系的理论探源 [J]. 经济科学, 2001 (1), 87－93.

[21] 李振球, 欧阳康. 技术经济学 [M]. 沈阳: 东北财经大学出版社, 2004.

[22] 林国华, 刘小幸, 吴大西. 建设现代新型农村科技中介服务体系的模式选择 [J]. 中国科技论坛, 2004 (1), 135－139.

[23] 林善浪, 张国. 中国农业发展问题报告 [M]. 北京: 中国发展出版社, 2003.

[24] 林毅夫. 再论制度、技术与中国农业发展 [M]. 北京: 北京大学出版社, 2000.

[25] 刘斌, 张兆刚, 霍功. 中国三农问题报告 [M]. 北京: 中国发展出版社, 2004.

[26] 刘晓丽. 吉林省农亚科技示范园区建设研究 [D]. 长春: 吉林农业大学, 2004.6.

[27] 罗必良. 中国农村改革的制度经济学思考 [J]. 农业经济问题, 1995 (7), 45－50.

[28] 曼瑟尔·奥尔森著. 集体行动的逻辑 [M]. 上海: 上海三联书店, 上海人民出版社, 2003.

[29] 米运生. 1979—1984 年间农村经济增长绩效的制度经济学解释 [J]. 怀化学院学报, 2003 (4), 39－42.

[30] 潘宪生, 王培志. 中国农业科技推广体系的历史演变及特征 [J]. 中国农史, 1995 (3), 94－99.

[31] 宋洪远, 等. 改革以来中国农业和农村经济政策的演变 [M]. 北京: 中国经济出版社, 2000.

[32] 速水佑次郎, 弗农·拉坦, 郭熙保, 张进铭等译. 农业发展的国际分析 [M]. 北京: 中国社会科学出版社, 2000.

[33] 孙良媛. 经营环境、组织制度与农业风险 [M]. 北京: 中国经济出版社, 2004.

[34] 汤吉军, 郭砚莉. "三农" 问题的制度经济学分析 [J]. 经贸研究, 2004 (1), 1－6.

[35] 宣杏云, 徐更生. 国外农业社会化服务 [M]. 北京: 中国人民大学出版社, 1993.

[36] 杨金鑫. 实行科技特派员制度积极探索破解 "三农" 难题 [J]. 农业经济问题, 2002 (9), 54－56.

［37］杨印生. 经济系统定量分析方法 ［M］.长春：吉林省科学技术出版社，2001.

［38］郑庆昌，宋国林，王东炎.透视"科技特派员"制度——农业科技推广体系转变与破解"三农"问题的切入点和突破口 ［J］.福建农林大学学报，2002 (4)，1－9.

［39］郑秋鹏，郭翔宇，李丹，等. 社会化农业科技服务体系模式框架与实施策略 ［J］.农业经济，1999 (1)，40－41.

［40］周章跃. 经济改革时期的中国农业合作社：发展与经验 ［J］.中国农业经济评论，2004 (2)，238－257.

武汉市人民政府关于深化武汉地区高校科研机构职务科技成果使用处置与收益管理改革的意见

各区人民政府，市人民政府各部门：

为贯彻落实《中共中央关于全面深化改革若干重大问题的决定》《湖北省人民政府关于印发促进高校院所科技成果转化暂行办法的通知》（鄂政发〔2013〕60号）精神，推进科技成果转化体制机制创新，充分调动武汉地区高校、科研机构科技人员创新创业的积极性，促进职务科技成果转化应用，经研究，特提出如下意见。

一、建立高校、科研机构职务科技成果使用、处置管理制度

赋予高校、科研机构职务科技成果自主处置权。对高校、科研机构的职务科技成果，除涉及国家安全、国家利益和重大社会公共利益外，单位可自主决定采用科技成果转让、许可、作价入股等方式开展转移转化活动，对此主管部门和财政部门不再审批。高校、科研机构职务科技成果转化所获得的收益全部留归单位，纳入单位预算，实行统一管理，使用、处置收益不再上缴财政。

二、建立健全高校、科研机构职务科技成果收益分配机制

确立科技成果发明人利益主体地位。高校、科研机构职务科技成果转化所得净收益，按照不低于70%的比例归参与研发的科技人员及团队拥有，其余部分统筹用于科研、知识产权管理及相关技术转移工作。高校、科研机构用于人员奖励的支出部分，不受当年单位工资总额限制，不纳入工资总额基数。高校、科研机构转化职务科技成

果以股权或者出资比例形式给予科技人员个人奖励，获奖人在取得股份、出资比例时，暂不缴纳个人所得税；取得按股份、出资比例分红，或者转让股权、出资比例形成现金收入时，应当依法缴纳个人所得税。

三、探索高校、科研机构职务科技成果所有权改革

允许高校、科研机构与职务发明人通过合同约定共享职务科技成果所有权。高校、科研机构拟放弃其享有的专利及其他相关知识产权的，应当在放弃前 1 个月通知职务发明人，职务发明人愿意受让的，可以获得该知识产权，单位应当协助办理权属变更手续。

四、建立符合高校、科研机构职务科技成果转化规律的市场定价机制

职务科技成果转让遵从市场定价，交易价格可以选择协议定价或者技术市场挂牌交易等方式确定。实行协议定价的，应当在本单位将成果名称、拟交易价格等内容予以公示，在此基础上确定最终成交价格。

五、建立完善高校、科研机构职务科技成果转化工作体系和管理机制

高校、科研机构要优化职务科技成果转移转化各环节的决策机制和管理流程，明确职务科技成果管理部门、转移转化机构、资产管理部门和职务科技成果完成人在科技成果转移转化中的责任，建立符合职务科技成果转移转化特点的岗位管理、考核评价和奖励制度。鼓励和支持高校、科研机构设立专业从事技术转移的服务机构，武汉市科技局、财政局对高校、科研机构成立并经认定的技术转移服务机构给予专项资金支持，对新列入的国家级技术转移示范机构，一次性给予 100 万元奖励，对新列入的省、市级技术转移示范机构，一次性给予 30 万元奖励。鼓励外地高校、科研机构在汉转化职务科技成果，对以技术入股、技术转让、授权使用等形式在汉转化的职务科技成果，按实现技术交易额 1% 的比例给予奖励。

六、创新高校、科研机构职务科技成果转化评价机制

项目主管部门应当将职务科技成果转化和知识产权创造、运用作为高校、科研

机构应用类科研项目立项和验收的重要依据，并与财政投入挂钩。高校、科研机构在相关考核和职称评聘工作中，科技人员创办科技型企业所缴纳的税收和创业所得捐赠给原单位的金额，等同于纵向项目经费。对科技人员创新创业和在技术转移、科技成果转化中贡献突出的，可破格评定相应专业技术职称。建立高校、科研机构职务科技成果转移转化报告制度，报告内容主要包括科技成果项目库、评估情况、转移转化情况、收益分配情况等，加强对职务科技成果转移转化情况的跟踪和监督。

七、支持高端人才创新创业

鼓励和支持"两院"（中国科学院、中国工程院）院士、"千人计划"人选、"973"和"863"首席专家、"长江学者"、"黄鹤英才"等高层次人才及其创新团队在汉转化职务科技成果或者科技创业。对高校、科研机构"双肩挑"（既担任行政领导职务又担任专业技术职务）人员，经所在单位批准允许在汉创办企业并持有该企业股份。

八、落实大学生创新创业"青桐计划"

允许在读大学生休学创业，创业实践可按照相关规定计入学分，创业之后可重返原校完成学业。科技企业孵化器设立"零房租"大学生创业专区。市科技、教育、人力资源社会保障部门每年遴选一批大学生创新创业项目给予支持，市人民政府每年资助100名在科技企业孵化器创业的大学生创业先锋。

九、引导社会资本促进职务科技成果转化

充分利用政府引导基金，引导创业风险投资机构、科技小额贷款公司、担保公司和"天使基金"为科技型企业成果转化提供融资服务。建立职务科技成果转化风险补偿机制。

十、加强知识产权应用和保护力度

探索建立知识产权法院，实施发明专利维持经费资助制度。由市级财政安排专项经费，对高校、科研机构技术前瞻性强、市场前景好的发明专利，在一定年限内给予

专利维持经费资助支持。在同等条件下，武汉市企事业单位可按照与有关高校、科研机构的协议优先受让、实施上述专利，并在支付相应费用时给予优惠。

各区、各有关部门要根据本意见制定促进职务科技成果转化的实施细则。各高校、科研机构要结合实际出台具体操作办法，并认真抓好贯彻落实。

第二篇

论 文 集 锦

初探农业科技推广体系创新*

武汉市农业局

涂同明

摘 要 我国现行的农技推广体系是按照计划经济体制要求建立起来的，其机构设置、人员配备、推广方式等均与当时的经济体制相适应，对我国农业和农村经济发展做出了历史性的贡献。但面对建设社会主义新农村的新形势，原有农技推广体制与机制已滞后，对此作者从农技推广体系的主体结构创新、职能定位创新、运行机制创新、服务载体创新、管理体制创新等五个方面进行了简要探讨。

关键词 农业；技术推广；服务体系；创新

改革开放30年来，我国已形成了中央、省、市、县（区、市）、乡（镇、街）五级机构健全、队伍庞大的政府农技推广组织体系，在农业技术引进、试验示范和推广应用，开展技术培训和技术咨询，提高农民素质，推动农业和农村经济发展等方面发挥了重大作用。但随着社会主义市场经济体制的建立与完善，原有的农技推广服务组织越来越不相适应，其弊端主要表现在：推广主体单一；政府推广目的与农民需求相脱节；管理机构混乱；职能不明确；机制不灵活；推广经费保障不足；科研、教育、推广相脱节；推广效率低下等等。因此，近年来，国务院下发了《关于深化改革加强基层农业技术推广体系建设的意见》，农业部下发了《关于贯彻落实〈国务院关于深化改革加强基层农业技术推广体系建设的意见〉的意见》。今年全国人大也启动了《中华人民共和国农业技术推广法》的修订工作，作者经过认真调研和分析，提出农

---

* 本文发表于武汉市第五届科学年会论文集《科技创新与国家中心城市建设》，武汉大学出版社

业科技推广体系的五个创新，仅供参考。

一、农技推广体系主体结构的创新

目前，我国从事农技推广的机构和组织主要是政府各级农技推广部门，各类农业科研院所、农业院校、各类农业学会及农业技术信息、咨询服务组织和中介机构也参与或承担了部分工作。但国家法律和制度尚无"多元化推广"规定，也没有"推广系统机制"，因而导致"推广系统失效"，丧失整体功能，出现农技创新与农技推广之间非一体化的格局。

在新形势下，农技推广主体结构应表现为多元化格局，其内容至少应包括以下 5 个方面。

（一）农技推广公益主体

由各级政府的农技推广部门组成，是实现农技推广事业公益化的"王牌"部队，在现有的基础上应该加强和优化。

（二）农技推广创新主体

由农业科研院所和农业院校组成，是进行农技创新的主力军，也有开展农技推广的生力军，政府应该明确其科研成果和转化与推广职能。

（三）农技推广产业化主体

由各类农业生产加工企业、农民专业合作组织、中介机构等组成，是促进农技推广活动市场化的中坚力量，他既是农技推广的主要载体，也是农技推广的直接参与者，更是农技推广的受益者。

（四）农技推广援助主体

由企业、公众或社会团体组成，是参与农技推广的后援力量，是我国当前农技推广比较薄弱的一个环节，同时也是今后农技推广体系建设的工作重点之一

（五）农技推广信息化综合平台

以各类信息服务机构为主体，通过与各推广主体的有效连接，形成农技推广的信息网络。这一平台的应用关键是要解决好第一公里和最后一公里这两个问题。也就是说有"按需送达"的作息和有及时便捷接收方式。

在这样一种新型的主体结构下，只要明确了各类推广主体的职能和作用，并通过有效的管理与整合，采取公益、产业并进的发展策略，就会逐步形成政府、民间、企业共同发展的农技推广体系，达到"接线、补网、聚人"的效果，促进农技成果的高效转化，促进农村经济的快速发展。逐步构建起以国家农技推广机构、农业科研、教育等单位为主导，农民专业合作经济组织为基础，农业产业化企业、中介组织等广泛参与、分工协作、服务到位、充满活力的多元化基层农业技术推广体系。

二、农技推广体系职能定位的创新

（一）农技推广职能的重新分类

在我国，农业部门一般将农技推广职能按性质分为四大类。

1. 纯公益性工作

例如，动植物病虫害监测、预报和组织防治，新技术的引进、试验、示范、推广，对农药、动物药品使用安全进行监测和预报，无偿对农民的培训、咨询服务，参与当地农技推广计划的制订和实施，对灾情、苗情、地力进行监测和报告等。

2. 执法和行政管理工作

当然这些都是由法律法规授权或者行政机关委托的执法和行政管理。例如，动植物检疫、畜禽水产品检验、农机监理、农民负担管理等。

3. 中介性质工作

例如，农产品和农用品的质量检测，为农民提供产销信息，对农民进行职业技能鉴定等。

4. 经营性服务工作

例如，农用物资的经营，农产品的贮、运、销，特色优质农产品的生产和品种的供应等。

当然，在实际中，上述 4 类职能具体到一个地区、一个部门或一个单位，有时不能明确地划分开。往往是一个单位同时承担以上职能中的几项，例如，畜牧兽医站就经常既从事执法和行政管理性质的动物检疫，又从事公益性的疫病监测和防疫，还从事一些经营性的服务或者经营兽药等。

由于机构、职能设置不合理，在同一单位中几种不同类型的职能交叉，形成政、企、事不分的状况。在这种情况下，往往真正的技术服务工作被大大冲淡了。而且，乡镇级的农技推广人员在由乡镇政府管理的情况下，农技推广人员经常被分派给非业务性的中心工作，也影响了农技推广单位正常职能的发挥。此外，每一个具体的农技推广单位承担着不同的职能，例如，行政执法和公益服务，或者公益服务和生产经营（要求自收自支）等，这就必不可避免地导致利益上的冲突。

（二）农技推广职能的重新界定

基于上述情况，有必要对农技推广现有的四大职能进行重新界定。

1. 公益性服务

应当是政府农技推广的主体任务，尤其是动植物病虫害的监测、预报和防治，新品种和新技术的引进和示范，多种形式的农业实用技术的宣传和培训。

2. 执法和行政管理

属于政府的行政职能，应将其中专业性不很强的职能交由县级政府管理部门履行；而那些专业性较强的工作，则保留在县级农技推广部门中。

3. 中介性收费服务

有一些需要政府农技推广机构负责，如产品检验和认证；另外一些可委托其他实体或个人承担，如防疫操作服务；还有一些可考虑实行社会化，如一些收费性培训，包括农机驾驶培训等。

4. 经营性服务的职能

则完全从政府农技推广机构中分离出去，实行企业化经营。

三、农技推广体系运行机制的创新

（一）农技推广的双轨运行属性

过去，人们习惯于把农技推广作为社会公益事业，以政府行为加以推动。经济体制转型以后，又强调了市场机制，但适应市场的农技推广服务体系并没有真正建立起来。从农技推广的角度来看，农技推广的基本功能是直接促进农技的应用，其性质是一种"服务性"活动，伴随着农业生产的全过程，因而具有双重属性，即同时包括公益性和产业性两个方面。对于公益性事业建设，主要应由政府来承担，而对于能够结合产业发展的农技推广，推广主体完全可以通过市场化的条件和机制获得自我发展的能力。因此，建立公益、产业"双轨"运行机制，符合我国当前农技推广的新特点。

1. 农技推广的公益化建设

不仅符合我国农业生产的特点，也符合国际农业发展的趋势。世贸组织的"绿箱"政策明确规定，病虫害控制、农技人员和生产操作培训、技术推广和咨询服务、检验服务等农技推广工作，可由公共基金或财政开支，这反映了世界各国对支持和保护农业的共识。农技的引进推广、技术人员的知识更新、技术人员的下乡等农技推广活动必须投入大量的经费，在我国农业经营主体异常分散的情况下，企业和农户都无力承担，必须由政府支持，否则将导致新技术不能及时推广到农民那里。目前，应做的是调整公益化建设的"进退"领域，利用公益事业管理方式和政府行为，实现农技推广公益事业的普及化。重点工作包括：一是要抓好公益性农技推广结构建设，通过建立基金或政府补贴等方法，保障公益性农技推广机构的正常运行。二是要抓好农民技术培训，提高技术接受能力。三是要对基础设施、环境、公共（信息、检验、测试、服务等）中心等建设加大投入力度。四是建立激励机制，加强农技创新能力建设，提高农技人员参与农技推广的积极性。

2. 农技推广的产业化建设

目标是通过产业化的发展策略，促进农技推广活动完全面向市场需求，有效地建立农技成果与市场的关系，使农技推广活动成为一种市场行为。这是目前我国农技推广服务中的一项最薄弱环节，也是建立农技推广体系的一项主要任务。在推进农技推广产业化的过程中，基础性的工作主要有 3 个方面：一是加快农技推广的市场制度平台建设，包括与农技推广有关的产业政策、知识产权制度、技术扩散与转移的权益保障制度等，为农技推广建立良好的制度环境。二是加快农技信息服务机构和农技中介机构的发展，包括技术交易、转移代理和技术孵化机构以及为技术交易提供金融、法律等服务的机构等。这是在市场经济条件下建立农技推广渠道的一种重要形式，政府应从制度建设方面加强中介服务体系建设，建立技术市场准入制度和统一的行业管理机构，促进中介机构向专业化方向发展。三是选准农技推广产业发展的突破点。农技推广产业是以农技推广资源为资本，选择与农技相关度大、依赖性强的农业产业，优先在这些产业带上建设农技推广中心（站）。推广中心（站）要采取与龙头企业结合、与农业科技园区结合、与示范基地结合等多种形式，采用"专家＋龙头企业＋农户"、"专家＋农技推广机构＋农户"、"专家＋农业专业学会＋农户"等多种有效的运作方式，建立农技供求一体化的新通道。

（二）农技推广的运行能力建设

1. 推行农技推广人员责任制度

要结合本地特色优势农业产业发展特点，按照农技推广工作需要，根据公益性农技推广机构的性质，将现有农技推广人员实行分类管理，合理确定岗位责任，制定岗位责任书，明确各岗位人员的服务职责、范围、对象和内容，量化工作指标和任务要求。全面推行工作日志、考勤制度，建立健全首问责任制、服务承诺制、责任追究制等相关制度。

2. 健全农技推广人员考评制度

要制定科学合理的考评办法和绩效考评制度，负责指导各地组织实施。各地要建立健全县级农业主管部门、乡镇政府、服务对象三方共同参与的考评机制，将基层农技推广人员的工作量和入户推广技术实绩作为主要考评指标，将农民群众对农技人员的评价作为主要考核内容。考评结果与农技人员的工资报酬、研修深造、评先评优、职称评聘、职务晋升、续聘、解聘等挂钩。

3. 完善农技推广人员培训制度

制定并实施基层农技推广人员培训总体规划，分年度组织农技人员进行知识更新培训，根据不同地区的需求，采取异地研修、集中办班和现场实训等方式，对基层农技推广体系专业技术人员分层分类开展培训。同时，实施农技人员学历提升计划，每年必须进行 15 天以上新知识新技术的脱产培训，有计划的分期分批选送技术干部到农业院校、科研院所进行专业研修、继续深造，提高职业水平和学历层次，造就一批业务水平高、综合能力强、操作水平强的高素质农技推广人才队伍。

4. 创新农技推广服务方式

要围绕现代农业发展需求和广大农民迫切需要，不断创新农技推广方式。加快推进科技入户工程、农业科技示范园等新型农业科技服务模式的发展，积极推进农技推广方式创新，及时遴选主导品种和主推技术，组装集成配套技术，搞好技术培训，实行基层农技人员包村联户、科技示范户带动辐射农户制度，促进科学技术直接到户到人到田。充分利用广播、电视、网络、手机等现代传媒开展技术服务。发挥高产创建示范片、农业标准化示范基地、农业高新技术示范园区等的辐射带动作用。积极推广专家大院、科技特派员、技能致富能手等农科教、产学研密切结合的有效形式。支持有条件的地区开展有偿技术服务试点。

四、农技推广体系服务载体的创新

1. 以农民专业合作为载体

近年来，全国各地各类农民专业合作社发展迅速，在组织农民生产、增加农民收入、促进农业技术推广、提高农村社会化服务等方面日益显现出优越性。随着市场经济体制的完善和农民专业合作社对新技术、新信息的需求，我国以政府为主导的农技推广服务组织体系面临着严峻挑战。由于合作社的独特优势，可通过合作社建立民间农技推广体系。这需要政府加大扶持和引导力度；建立以合作社为纽带的社会性联合推广机制；充分发挥"校、社协作"的杠杆作用；树立"合作型"参与式推广理念；开展以合作社为载体的全方位农技推广服务。

2. 以农业科技园区为载体

农业科技园区是在一定区域内，以三高农业为目标，以调整农业结构为突破口，以先进适用技术为依托，以政府引导企业等社会力量广泛参与为手段，对区域农业与农村经济具有较强示范带动作用的现代农业科技示范区或现代农业科技企业的密集区。农业科技园区主要体现在农业中采用先进适用技术上，目前，国内的农业科技园区发展迅猛，为中国农业现代化起到了良好的示范作用。以农业科技示范园为载体，发挥辐射带动作用。

3. 以农业产业化龙头企业为载体

农业产业化龙头企业是指以农产品加工或流通为主，通过各种利益联结机制与农户相联系，带动农户进入市场，使农产品生产、加工、销售有机结合、相互促进，在规模和经营指标上达到规定标准并经政府有关部门认定的企业。

4. 以农业科技示范户为载体

科技示范户是农业技术推广体系的最基层单位，是农民科技队伍的重要组成部分。实践证明，科技示范户具有强大的生命力的，在农业生产中发挥了巨大的作用。他们带着农民干，做给民看，为农民做示范，最后让广大农民有钱赚。

五、农业技术推广体系管理体制的创新

1. 明确公益性职能

各地要严格落实中央的有关要求，进一步强化基层农技推广机构的公益性职能职责定位。县市及县级以下的基层农业技术推广机构承担的公益性职能主要是：关键农业新技术的引进、试验、示范、推广，农业有害生物及农业灾害的监测、预报、防治和处置，病虫害防治和植物疫情处置，农产品生产过程中的标准化推广和质量安全的监管与配套服务，农业资源、农业生态环境和农业投入品使用监测，农业公共信息服务，农民培训教育服务，新农村能源建设等。植物良种繁育、良种推广、技术咨询等一般性的推广服务，要在改革中积极探索新的运作方式，增强其活力。

2. 科学设置推广机构

各地要按照精干、统一、效能的原则，科学合理设置机构。县级农技推广机构的设置，要按照承担国家公益性职能的要求，充分考虑县域农业主导和特色产业发展的实际需要，健全机构，充实队伍，加强力量。乡镇农技推广机构在隶属关系上以县管为主，进一步加强县级农业行政主管部门对县级农技推广中心的监管，县级农技推广中心对乡镇农技推广体系实行统一管理和指导。村级服务站点建设，要纳入基层农技推广体系建设总体规划，根据需要配备必要的培训设备和简易常规的检测设备。力争

3年内实现大村有1~2名、小村有1名农技推广员。

3. 理顺推广管理体制

着眼于加强基层农业技术推广工作，做到专人专岗专用，使农业技术推广人员集中精力为"三农"服务。在人员编制不作调整的情况下，县级农业行政主管部门负责对本级农业技术推广机构实行监管，负责全县农业技术推广工作计划制定、组织实施、考核验收等方面的管理指导；乡镇机构的人员、经费、资产等由县级农技推广中心统一管理，在人员调配、考评和晋升中，应充分听取乡镇政府的意见。乡镇政府要负责提供乡镇机构必要的工作和生活条件，并配合县级农业行政主管部门农业技术推广中心做好乡镇农业技术推广人员的管理。

4. 科学核定人员编制

按照"整合力量、专业互补、因地制宜、精简效能"的原则，结合当地财政保证能力，基础设施条件、公共服务水平、县乡生产规模、自然地理条件、农作物种植种类和面积、交通运输状况、行政村和农户数量、专业特点等因素，由各地具体测算编制，统一核定，按程序审批。为确保公益性职能履行，要求在乡镇以下从事农业技术推广工作的人员不低于全县农业技术人员总编制数的2/3。专业农业技术人员占总编制的比例不得少于80%，并注意保持各种专业人员的合理比例。基层农业技术推广机构的人员编制由自治区实行总量控制，县市实行编制实名制管理。公益性农业技术推广机构的人员编制一经核定，应专编专用，任何单位不得挤占和挪作他用，防止出现在编不在岗和混岗混编的现象。

5. 严格实行准入竞聘制度

从事公益性农业技术推广机构的农技人员，应当具有相应的专业学历，并经省级农业行政主管部门主持的专业技术考试和实际操作技能考核，达到相应的专业技术水平，方可参与岗位竞聘。各地应根据本地实际情况，制定公益性农业技术推广机构农技人员聘用准入条件。凡从事公益性农业技术推广服务活动的人员，坚持公开、平等、竞争、择优的原则，采取竞争或竞聘上岗的方式，逐步建立起由固定用人向合同用人、身份管理向岗位管理转变的人事管理新机制。竞聘上岗既要注重相应的学历、职称，更要注意实际操作能力，经过相应的专业技术考试和实际操作能力考核。同等条件下，应优先聘用在编在岗农业技术推广人员。确保上岗人员中专业技术人员比例不低于80%，乡镇农业推广专业技术人员比例应在90%以上。

农业知识产权资本化初探*

武汉市农业局

涂同明

摘 要 农业知识产权资本化是农业知识产权利用战略的一个重要的组成部分，也是实现农业知识产权价值放大效用的有效途径。本文将重点探讨农业知识产权资本化的实现意义和实现途径，提高大家对农业知识产权创造、保护、运用的意识，让更多人了解这一新兴领域，促进该项事业在我国的发展进程，以期开启服务"三农"工作全新篇章。

关键词 知识产权；知识入股；农业创新；收益分配

一、农业知识产权的类型与特点

（一）农业知识产权的类型

农业知识产权是公民、法人和非法人单位对自己在农业科技领域创造的技术成果和产品依法享有的专有权利，其内容随着科技的发展而不断充实和完善，目前，主要包括：植物新品种权、农产品地理标志、涉农专利、商标、版权等方面。

（二）农业知识产权的特点

受产业特征的影响，农业知识产权录像片具有排他性、地域性、时间性等知识产权的一般特征外，还具有易扩散性、权利主体的难以控制性、产权价值标准的不确定性等特征。

---

* 本文发表于武汉市第五届科学年会论文集《科技创新与国家中心城市建设》，武汉大学出版社

1. 产权技术的易扩散性

由于农业科学研究新成果、新技术的示范推广多在田间进行，所以，较易被他人非法窃取或流失。

2. 权利主体的难以控制性

受生产分散性特点的影响，在农业的一些权利领域范围内，权利主体往往难以控制，如地理标志权，商业秘密权、发明权、植物新品种权等。

3. 产权价值标准的不确定性

农业生产过程是一个自然和经济的交互过程，在这样一个过程中形成的农业知识产权难以用一定的标准去衡量。

上述农业知识面产权的 3 个特征，从另外的层面也反映出加强对农业知识产权进行保护的必要性。

二、农业知识产权资本化的实现意义

农业知识产权资本化是农业知识产权利用战略的一个重要的组成部分，也是实现农业知识产权价值放大效用的有效途径。农业知识产权资本化有力的促进农业技术成果实现资本化，为农业科研成果转化成生产力提供资金。农业技术转移过程最关键的因素就是将研发的农业技术资本化，通过鼓励申请农业知识产权并将其保护起来，为农业知识产权找到合适的市场做准备，这个市场为农业企业取得显著发展提供机遇。只有当农业知识产权商业化后（应用于一产和生活后）才使它具备了经济价值和产业价值之所在，才能有更多的机会获得农业技术转移交产业经所需要的资金，才能有可能真正意义上的转化成生产力。

（一）提高农业生产综合竞争力

推进农业领域的知识产权资本化是提高农业综合竞争力的重要途径，在加入世贸组织之后，我国农业企业不可避免地受到国际农产品贸易的影响和冲击。在这种情况下，要发展现代农业，建设神龛主义新农村，提高我国农业生产的综合竞争力与核心竞争力，在重视加强对农业科技创新过程中所产生的知识产权进行合理有效地保护的同时，要大力推进农业知识产权资本化，只有这样才能使农业生产在激烈的市场竞争中处于优势地位。

（二）促进农业增产和农民增收

产品在市场上的畅销程度为仅仅取决于产品的质量和性能，也取决于产品的品牌等综合因素。知识产权制度正是通过赋予发明创造者各种形式的专有权利，权利人通过将知识产权与农业生产进行紧密结合后在市场上交易，从中取得相应的高额投资回报。广大农民通过商标、专利、植物新品种以及地理标志等途径对农产品进行有效的保护和包装后，农产品将会"身价百倍"，其价格也将得到较大幅度的增加。

（三）推动农业高新技术发展

当前，世界范围内随着基因重组技术、酶的固定化技术以及动植物细胞组织培养技术等的迅猛发展，标志着农业生产已进入了一个崭新的发展阶段。事实证明，无论是国际还是国内市场，依靠拼资源、拼劳力换取高额利润的生产经营方式已经成为过去。近年来，欧美等一些西方发达国家纷纷加强了对本国农业的知识产权保护和资本化进程，正是通过知识产权制度的激励以及合理有效配置技术创新资源的非凡作用，这些国家和地区的农业高新技术得到了广泛的普及和应用，农业也因此获得飞速的发展。因此，推进农业知识产权资本化，有利于激励农业技术创新。

（四）激励农业技术自主创新

知识产权制度是推动和保护技术创新的长期稳定起作用的强有力的基本法律制度和有效机制，是政府推动技术创新的核心政策手段。只有通过法律的手段保护农业知识产权的创造，同时促进农业知识产权的资本化运作，才能有效的激励广大的农业科技工作者和农业企业开展农业技术创新。

三、农业知识产权资本化的特征

（一）农业知识产权资本化

将农业知识产权的货币价值转换为股权价值的过程。

现代产权制度明确指出："产权是所有制的核心和主要内容，包括物权、债权、股权和知识产权等各类财产权。"而农业企事业单位农业知识产权的资本化，就是将农业知识产权的价值的使用价值，经过评估和确认其货币价值以后，才能将其折算成股份或者出资比例而进行投资，这在实际上，下就是将农业知识产权的货币价值转换为股权价值的过程，把农业知识产权变成了股权。

（二）农业知识产权资本化是一种创新激励机制

这种创新激励机制，也就是一种尊重农业知识产权发明创造，重视农业知识产权资源，认知、评价和无论农业知识产权价值，实现农业知识产权价值和使用价值与资本的转换，促进和激励职务知识产权发明创造良性循环及其收益分配的机制，能够有效地调动职务发明人、设计人及其主要实施者的积极性和分行性。

（三）农业知识产权资本化是一个共同分享其收益的过程

农业知识产权化，实际上，就是确认农业发明者等拥有部分职务知识产权的基础上，将职务知识产权的"无形价值"转换为"有形价值"，并在农业企事业单位获得大部分"有形价值"，并分享其收益的前提下，再将其中一部分"有形价值"奖励或者分配给职务知识产权发明者与主要实施者，并使他们也能够分享这部分"有形价值"收益的过程。对于农业而言，通过农业专利许可等方式企业就可以获得农业新技术，不必开展农业科研单位已经开始或者已经在执行的研究。尽管农业研究的价值会纳入转让费的考虑当中，但毕竟只是未来收益的一小部分，所以，节约了农业企业的研究和开发费用。另外，获得独占许可或者部分独占许可的农业更有可能提升市场竞争力。这就是变相的为农业企业筹集了资金，将资产和农业技术资本化了。

（四）农业知识产权资本化可以使知识产权发明者成为农业企事业单位真正的主人

通过农业知识产权资本化，使得农业知识产权发明者及其主要实施者获得了农业企事业单位一部分股份或者出资比例，实际上，也就等于获得了农业企事业单位的部分产权，并使得他们的身份也随之发生了变化，他们既是单位预算的员工，又是单位的股东，他们不再是农业企事业单位名义上的主人，而却变成了农业企事业单位事实上真正的主人。这种农业知识产权发明者及其主要实施者身份的变化，既可以为农业单位留住人才，以保持骨于员工队伍的相对稳定，同时，也更加有利于进一步调动他们进行农业知识产权发明创造和实施转化的积极性和主动性，从而为农业单位创造出更多的无形资产。

（五）农业知识产权资本化也为科技人员铺就了创新致富之路

通过农业知识产权资本化，不仅可以使农业企事业单位和货币资金投资者获得农业知识产权分行价值的较多回报，而且也可以使农业知识产权发明者及其主要实施者，在获得较高的工资、奖金、福利的同时，民获得农业知识产权创造价值的一部分回报或其所持服从的收益。这样，就会使农业企事业单位在获得较快或者调整发展壮大的同时，也使得一部分农业科技人员通过农业科技创新而迅速富裕进来，这既是农业企事业单位和农业科技人员的"双赢"局面，同时，也就为农业科技人员铺就了一条农业科技创新致富之路。我国唯一的国家级杨凌农业高新技术产业示范区，使技术成为股份，学者成为股东，而涌现百余名农业科技百万富翁的又一明显例证。

（六）农业知识产权资本化能够促进技术转移和增强技术创新

农业知识产权资本化对农业科研机构来说，通过成功的专利许可，可以实现农业技术转移的基本目标：将研究工作开发的农业技术转移给农业公司或者农业企业进行商业化开发；或者通过专利许可获得专利技术转让费等偿付，农业科研单位获得研发投资回报，而且这些回报可以让农业科研单位进一步开发农业新技术。这是农业科研机构将农业科研成果资本化的基本模式，也是最简单和有效的模式，这一模式的实施，需要强有力的农业知识产权保护作为基础和支撑条件。对农业科研机构的农业科研人员个人而言，从经济角度看，个人申请专利时可获得现金的奖励，在专利授权时又可获得现金奖励。如果发明产生了物质利益，个人还可以获得不菲的经济收入；从学术角度看，通过申请专利加强其专业领域学术声誉；不管是否可以得到稳定的经济利益，农业发明者的工作都有可能为未来显著提高公众健康和福利打下基础，或者是得到更大范围内的市场认可；此外，还可以提高农业发明者的自信和工作满意度。

四、农业知识产权资本化的实现路径

根据我国现行的知识产权政策法规规定和知识产权的新理念以及农业知识产权资本化的实践，农业知识产权资本化的实现路径有以下几种。

1. 以农业知识产权作价出资入股方式与货币资金出资方合作，共同创办农业科技企业或者农业高新技术企业。按照公司法和国家科技主管部门规定，一般技术可以占到注册资本的35%或者35%以上，但在实际操作上，有些重大发明专利技术或者高新技术，已经占到了注册资金的50%，应该说，这也是农事业单位职务发明技术和农业科技人员与发明爱好者个人非职务发明专利技术实施转化的最为有效的途径之一，也易于为货币资金出资者所接受。因为其最大好处是，双方共同承担风险，共同分享收益。

2. 以农业知识产权作为无形资产作价出资入股方式与货币资金出资方组建农业股份企业时，可以将该单位所占技术股份中一定比例的股份，直接奖励给职务发明人或设计人，使其成为新企业的股东之一。有些单位规定，奖励给知识产权发明者的服从，可以技术股份的30%或者1/3。这有利于充分调动发明者实施该项技术的积极性和主动性。

3. 按照农业职务知识产权转让或许可贸易的净收入部分，提取不低于20%比例的金额，直接折算成股份或者出资比例，奖励给职务发明人或者设计人。而在实际操作上，有些单位的提成比例，已经达到30%或者40%以上。

4. 按照农业职务知识产权实施转化成功投产后连续3~5年，从实施该项知识面产权新增留利中提取不低于5%比例的金额，直接折算成股份或者出资比例，作为缀子以职务发明人或者设计人、主要实施者的报酬。在实际操作上，有些单位已经将提取比例提高到10%，有些省市规定，还可以将提取比例提高到30%或者33%，其目的都是为了更好地调动农业发明者和主要实施者的积极性和主动性。

5. 在农业企事业单位进行股份制改造时，可以从知识产权等无形资产经济价值中，提取一定比例的数额，折算成股份或者出资比例，奖励或者分配给职务发明人、设计人及其主要实施者；或者是从几年国有净资产增值部分中，拿出一定比例作为股份，奖励给有贡献的职工特别是科技人员，当然包括职务发明人、设计人及其主要实施者和经营管理人员。这种途径和方式的实质，也就等于在事实上承认了职务发明人、设计人对企事业单位职务知识产权拥有了部分知识产权，并可以分享其利益。

刍议农业科技自主创新*

武汉市蔬菜科学研究所

杜凤珍

摘 要 进入 21 世纪，知识经济与经济全球化进程明显加快，科学技术发展突飞猛进，科技实力的竞争成为世界各国综合国力竞争的核心，农业科学技术已成为推动世界各国农业发展的强大动力，以农业生物技术和信息技术为特征的新的科技革命浪潮正在世界各国全面兴起。本文将重点探讨我国农业科技自主创新进程中面临的问题、存在的差距以及工作思路和发展途径，以期引起读者对我国农业科技创新体系建设及相关工作的思索与共鸣。

关键词 农业科技；自主创新；体制改革；成果转化

一、农业科技自主创新提出的背景和实施意义

国务院制定的《国家中长期科学和技术发展规划纲要（2006—2020 年）》和中共中央国务院颁发的《关于实施科技规划纲要增强自主创新能力的决定》提出要抓住21 世纪前 20 年的重要战略机遇期，走自主创新之路，全面提升国家核心竞争力。并指出，我国提高自主创新能力的关键是完善体制和机制，只有继续深化科技体制改革，进一步消除制约科技进步和创新的体制性、机制性障碍，才能推进科技自主创新能力建设。

作为自主创新型国家建设的一个重要组成部分，农业科技自主创新的能力建设也面临着同样的问题。农业科技投入，在一定程度上来说，对于农业科技工作是杠杆、是导向。农业科技投入的体制和机制是否合理，在很大程度上决定着农业科技人员的

---

* 本文发表于农业干部知识更新系列丛书《农业干部知识更新简明读本（知识篇）》P138～157，湖北科学技术出版社

基本工作环境和状况，进而决定着我国农业科技自主创新的能力建设和发展。只有在合理的农业科技体制下，不断完善农业科技投入的机制，才能不断促进农业自主创新能力持续稳定的增强。

做好这项工作有着以下重要意义。

(一) 农业科技自主创新是推动农业经济发展的不竭资源

科学技术是第一生产力，科技创新更是农业经济发展的不竭资源，它通过对生产力诸要素的物化，使生产力发生质的变化。科技转化为劳动者的技能，提高了劳动者在农业生产中的能动性；科技物化为劳动资料、创新的生产工具，使劳动手段更加现代化；科技发展使劳动对象发生根本性的变化，提高了农业劳动对象的效能和效用；科技创新的生产工艺使农业生产工艺流程更先进；科技进步优化了生产要素组合，使农业生产过程的组织形式更加科学合理；科技创新提高了农业生产经营管理水平，使农业生产经营管理方法更加科学化，手段更加现代化。

(二) 农业科技自主创新是未来农业发展的根本出路

"农业的根本出路在于科技"。只有依靠科技进步，通过农业科技的突破性成果和新技术的有效推广应用，才能实现中国农业的持续发展，最终早日实现中国农业和农村现代化。农业新技术的应用，可以合理开发和利用土地、水等自然资源，提高资源的产出效率；农业新技术应用，可以拓宽资源的范围，实现资源的有效替代，有效缓解现有资源的约束；农业新技术的应用，还为科学控制生态破坏和环境污染，开展科技减灾提供基本手段。

(三) 农业科技自主创新是发展现代农业的关键所在

科学化、机械化和社会化是现代农业的3个基本特征，其本质是把农业建立在现代科学技术的基础上，用现代科学技术和现代工业来武装农业，用科学的方法和手段管理农业，目的是创造出一个高产、优质、低耗的农、林、牧、副、渔业生产体系和一个合理利用资源，保护环境的有较高转化效率的农业生态系统。因此如果没有科技创新和科技支持，农业是不可能实现现代化的。

(四) 农业科技自主创新是建设新农村的迫切需要

建设社会主义新农村，要求我国农业由传统农业向现代农业转型，现代农业的典型特征是高产、优质、高效、生态和安全，这些都依赖于农业科技的不断创新和支撑，农业科技创新与应用已成为增强农业生产能力，提高农业生产效率，转变农业增长方式和推进现代农业建设的关键因素。

二、农业科技自主创新面临的现实问题

近年来，我国高度重视农业科技事业的发展，出台了一系列的政策措施，使我国农业科技创新取得了新的进展，成果转化应用水平不断提高，科技创新对农业增长的贡献率稳步提高。随着良种推广补贴、测土配方施肥等政策措施和重大项目的实施，一大批农业实用技术广泛运用到生产实践中，有力地促进了粮食生产和农民收入连续稳定增长，推动了农业农村经济持续健康发展。同时也要看到，我国农业科技创新还存在不少问题，其主要表现如下。

（一）农业科技创新综合实力薄弱

主要表现为农业科技创新成果的供给不能很好地适应现实生产的需要，解决实际问题能力不强，难以转化为生产力，目前，我国农业科技创新成果转化率不足40%，科技成果的应用性较差也造成了转化难度的提高。长期以来，我国农业科技研究偏重于农业学科自身的需要，注重于农业基础研究，对应用研究和开发研究没有足够的重视，过多的人力、物力、财力用于基础研究上，有限的科技投入不能发挥最大的社会效益，造成农业科技供给与需求的结构性矛盾。

（二）农业科技创新协作精神缺乏

农业属于弱势群体，农业科技创新开发计划在政府整体规划中的地位比较低，重视程度不高，投资相对较少。农业科技创新开发的组织和机构有的有名无实，对特色农业科技创新开发的扶持不够，区域之间也缺乏协作配合，分工不明确，跨部门、跨专业合作项目少，科技资源配置浪费较大，总体运行效率不高。近年来，财政对农业科研的公共投资强度一直处在占农业GDP的0.25%左右，与目前国际平均水平1%相比有较大差距，不仅明显低于美国等发达国家的水平，也低于大部分发展中国家的水平。

（三）农业科技创新受体观念落后

我国4亿多农村劳动力中，文盲、半文盲占50%以上，特别是近年文化程度较高的农村劳动力转移到了第二、第三产业或外出打工，实际上从事农业生产的劳动者素质更低。农民的文化素质低决定了科学应用水平低，难以很好地掌握和运用现代科学技术。有相当一部分农民沿用传统办法种田，对新的优良种苗、栽培技术和农药、肥料的性能弄不懂，即使将新型的技术送到户，也往往不能灵活运用，达不到预期的

目的。

（四） 农业科技创新推广环节队伍不稳

随着我国市场经济体制的推进，一些地方的决策者不懂在市场经济体制条件下，农技推广事业必须由各级政府来支持和保障的道理，为甩掉财政包袱，逐年扣减事业经费，限期"离娘"、"断奶"。还有一些眼光短浅的决策者，把所属农技推广机构当作自己的创收单位，不仅不给事业费，还规定上交任务，致使农技推广机构业务转向，技术骨干改行，造成农技推广服务工作严重滑坡。

（五） 农业科技创新的体制不顺

我国目前体制和政策上都有许多不配套的地方。主要反映在：科技创新体制改革与整个人事制度改革的矛盾。科技创新体制改革要求实行优化组合，优化出的人员无处安排，使科研单位的技术骨干越来越少，勤杂人员越来越多。科技推广与资金、物资供应脱节的矛盾。许多农业科技创新成果的推广需要实物为载体，但目前技术、资金、物资为"三张皮"。行政推广惯性与基层经济组织涣散的矛盾。目前，仍主要依靠行政手段推广农业科学技术，而基层特别是村一级组织涣散，不能承担起推广农业科技的职能，新的多样化的农业科技创新推广体系又没有形成。

三、农业科技自主创新的工作思路与发展方向

加快推进我国农业科技自主创新步伐，当务之急就是要紧紧围绕现代农业发展的目标和要求，瞄准世界农业科技发展前沿，大力开展原始创新、集成创新和引进消化吸收再创新，进一步明确人才是科技创新的本源，科技推广是科技创新的核心，推广能力是科技创新的基础，产业开发是科技创新的动力，市场开发是科技创新的生命，辐射带动是科技创新的目的，科技政策是科技创新的持续这一理念，选准创新重点、做好创新规划、明确创新思路、夯实创新基础。力争在农业重大领域、前沿技术研发和应用上取得重要突破，以推动农业科技创新体系建设健康发展。

（一） 深化农业科技创新体制改革

逐步完善农业科技自主创新机制：一是建立首席科学家负责制、建设跨区域、跨学科、跨专业的创新团队，积极探索以任务分工为基础，权益合理分配和资源信息共享为核心，项目为纽带的协作攻关机制。二是建立人员能进能出、职称能上能下，有利于各类人才脱颖而出、施展才能的选人机制。三是按照"抓大放小、合理布局"的

原则，组建农业科研机构，包括建立国家级农业科研中心、地方农业科研分中心。四是按照"稳住一头、放开一片"的原则，建立科技人才队伍——"稳住"一批优秀农业科技人才，使他们安心、专心从事农业科技研究，从课题、经费等方面予以支持，大胆"放开"让一大批农业科技人员进入市场，进行应用研究和开发研究，使农业科研成果早日进入市场大循环。五是按照"有所为、有所不为"的原则，让农业科技人员抓准位置、选准课题，使科技资金得到充分利用、高效利用。六是创新农业科技成果的评价和鉴定制度。建立一套能客观、公正反映科技成果水平、质量、效益等全部内容的综合评价指标体系，指标要求既全面，又客观，同时量化并给予合理的权重，便于操作和比较。

（二）强化农业科技自主创新

要按照自主创新、重点跨越、支撑发展、引领未来的要求，进一步加强农业基础研究、前沿技术研究和共性技术研究，加快推进国家农业科技创新体系建设，努力使我国农业科技整体实力尽快进入世界前列，为发展现代农业，推进社会主义新农村建设奠定坚实基础。一是要把节约资源、保护生态环境作为研发的立足点。二是要加强农业科技原始性创新。充分发挥合作企业的生产技术优势和学校的人才及科技创新优势，加快农业新技术、新产品的开发和转化。三是要以试验、示范为基础，不断反馈与改进，促进技术不断创新和产品质量不断提高。四是要高标准、高起点，瞄准国际前沿，形成创新性成果，服务于生产。

（三）增加对农业科技自主创新的资金投入

先进农业科技技术的发展已进入黄金时期，必须以相应的设施条件和先进的科研推广手段作保证，这就更需要足够的投入。农业科研公益性的特点，决定了国家是农业科研的投资主体。要大幅度提高对农业科技创新的投入，拨出专项经费建立农业科技发展基金，专门用于农业科学研究和技术推广工作。一是要增加农业科技教育的基本建设投资、体系建设经费、大型活动的专项经费及各种基地建设的配套资金。二是各项农业技术改进费必须按规定继续提取，由农业部门掌握，并征得有关方面意见，作出具体安排，专款专用，真正用于技术改进。三是各种基地建设资金、开发资金、扶贫资金、以工代赈资金、以工补农资金和农业发展基金等，都要划出一定的比例用于农业科技推广，为农业的持续发展积蓄后劲。四是对大型农业科技开发项目，要安排一定的专项贷款、贴息贷款、周转金以及部分无偿启动资金。五是要安排一定的启动资金和外汇额度，用于优质良种、先进技术、先进设备的引进。要加强科技创新的基础设施建设。六是围绕建立农业创新体系集中投入，加快农业生物重要种质资源发掘与重要遗传性状改良；加强农业病虫害发生规律及可持续控制研究；强化农业环境资源高效利用与生态安全研究；加强复合农业生态系统研究等。

（四）加强农业科技自主创新人才队伍建设

推进农业科技进步，人才是关键。一是要努力营造良好的人才培养环境，建立有效的激励机制，调动广大农业科研人员的积极性、创造性。要在全社会形成"尊重知识、尊重人才，重视农业、重视农业科技人才"的氛围，增加农业科技人才培养的经费投入，采取相关配套的激励机制和优惠政策。二是要下大力气培养和造就一批世界一流的农业科学家和科技创新领军人才，建设一支结构合理、业务素质高、爱岗敬业的农业科技创新队伍。三是既要稳住农业科技人才，又要鼓励人才合理流动。要千方百计地稳定现有农业科技人才，使其安心工作、专心钻研，也要允许合理的人才流动，尽量使其"各尽所能、各得其所"。

（五）促进农业科技自主创新成果产业化

要积极促进农业科技自主创新成果产业化。一是大力推进农科教结合、产学研协作，充分发挥农业科研院所、大专院校在农业技术推广中的积极作用，开展各种类型的农业科技成果展示和技术示范活动，鼓励农业科技人员深入生产一线，针对农业生产需要和农民需求开展技术研发与科技服务。二是要适应新形势、新任务的要求，使更多的农业科技创新成果转化为现实生产力。要建设充满活力的多元化的农技创新成果推广机制，形成一支业务素质较高、数量稳定的基层农技推广队伍。三是要加快完善农业技术推广服务模式，以科技入户工程为平台，整合各方面科技力量和科技资源，形成共同推进农业科技成果转化和应用的合力。四是加强农业科技成果转化与市场结合。科研和推广人员要树立起强烈的市场意识，研究开发和推广有市场前景和发展前途的成果，再依据市场反馈信息指导下一步工作，以形成研究、开发、推广、转化的良性循环。

农业科技成果转化初探[*]

武汉市蔬菜科学研究所

杜凤珍

一、农业科技成果转化的特点

科技成果转化是指为提高生产力水平而对科学研究与技术开发所产生的具有实用价值的科技成果所进行的后续试验、开发、应用、推广直至形成新产品、新工艺、新材料，发展新产业等活动。我国是一个科技成果转化率低的国家，每年的 6 000 多项农业科研成果中，转化率只有 30% ~40%，真正形成规模的不到 20%，而发达国家的这一比例已达到 70% ~80%。

农业科技成果大致可分为基础研究、应用研究和开发研究 3 类成果。这 3 类成果其形态各有差异，转化为现实生产力的难易程度和速度也不尽相同，但其转化过程都具有共同的特点。

（一）转化时间的长周期性

农业科技成果由潜在的生产力转化为现实生产力的过程是一个漫长的过程，包含了多个阶段，即农业科技项目的提出，选择与确定；研究与实验；中试；成果鉴定；成果的推广与应用。国内外的实践证明，从一个农业科技创新思想的产生到科技成果的取得，再到农业生产实际中的推广应用，需要几年、十几年甚至更长的时间。

　＊ 本文发表于农业干部知识更新系列丛书《农业干部知识更新简明读本（知识篇）》P160 ~182，湖北科学技术出版社

（二）转化过程的复杂性

农业科技成果转化涉及要素和环节较多，它既受自然环境的制约，又受社会条件的制约。一项成果的转化需要多方面的支持和多种技术的配合以及多方面人员的参与，并需经过多重的不断修正和完善以及艰辛努力才能实现。

（三）转化条件的选择性

由于研制出来的农业科技成果大都是在实验室或实验田中取得的，而实验研究成功，甚至小区实验的成功并不意味着大面积、大范围推广的成功，每项农业科技成果应用于生产的过程是非常复杂的，况且农业生产受自然环境、资源条件、人为因素的影响很大，因此农业科技成果转化有其选择性。

（四）转化动力的市场性

在市场经济条件下农业科技成果的转化动力来自市场，一项农业科技成果能否转化为现实生产力，主要看其有无经济价值，也就是说凭借这一成果生产出来的农产品或服务能否卖得出去，给使用者能够带来多大的效用。如果生产出的产品或服务有市场、利润大，则成果很快被社会转化，否则就不转化或是转化慢。

二、农业科技成果转化与推广体系的主要模式

（一）推广机构主导型

以政府为主导，由国家、省、地（市）、县、乡（镇）5级农业技术推广站组成的公益性农业科技推广服务体系。农业技术推广站模式：以政府为主体或由政府一手包办的普及推广发动模式，主要通过统一立项选定重点推广技术成果，组织实用技术培训，设立示范样板（基地）吸引农民参观学习，建立科技服务实体，结合技术服务推广新产品、新农药等农业生产资料等进行推广。推广机构主导型作为我国农业技术推广的主体，是实现农业科技成果转化的主要桥梁。各级农业技术推广站，将通过不断深化体制改革和机制创新，逐步健全和完善，朝着以公益性推广为主，促进多元化服务的方向健康发展。

（二）科技项目带动型

1. "农技110"模式。

2. 科技示范园区模式。

3. 农业专家大院模式。

4. 科技特派员模式。

5. 科技入户模式。

6. 科技下乡模式。

7. 三电合一模式。

8. 田间学校模式。

9. 科技协调员模式。

科技项目带动型最受农民欢迎,是我国农业技术推广体系未来发展的重点推广模式。依托科技项目的带动,科技示范园模式、专家大院模式、科技特派员模式、科技入户模式等均得以顺利实施,并取得了显著成效。特别是科技入户模式,受到农民朋友的普遍欢迎,应作为未来发展的重点推广模式之一。

(三)市场引导型

1. 企业产业化(公司+农户)服务模式

最大的特点是分散生产、集中经营,把原来分散的、小规模的农户组织起来,成为企业的生产基地,农民成为基地中的生产者。一是龙头企业带动型,二是农业科技服务部门与产业化龙头企业相结合。

2. 技术协会或农业合作组织服务模式

市场引导型作为我国农业技术推广体系的补充,是实现农业科技成果转化的辅助推广模式。我国绝大部分农业科技企业规模小,资金、技术力量薄弱,难以承担农村先进实用技术推广的重任。

(四)第三方主导型

科研院所与县推广中心联合推广。

1. 黑龙江农科院院县农业科技合作共建模式。

2. 河北农业大学"太行山道路"模式。

三、农业科技成果转化工作面临的困境

(一)科技创新水平不高,科技储备不足

我国农业科研体系从纵向来看,由国家、省、地市3级农业科研院所组成。占相

当大比例的地市级农业科研院所科研实力差距很大，一些单位有突破性的科技储备不足，研究内容"小、浅、散"，在低水平上交叉重复，有的与生产脱离，制约了科技创新。以作物育种为例，实力强的农科院所，都是育种家育种方向正确、科技创新水平高、科技储备量大、与生产接轨、解决了科研与生产相互脱离这个发人深思的课题，所以他们培育的品种能长期占领市场，持续为农业增产、农民增收服务。科技创新水平不高、实力不强的农科院所的育种家育种资源不足，科研经费又少，加之为完成科研任务，有急功近利的思想，这样育出的品种在产量、品质、抗性上没有突破，品种寿命短暂，有的昙花一现，只是为了应付交差或报奖。目前，我国现行的农业科研运行体制仅限于科技成果申报、评选和奖励，科技人员职称的晋升、待遇的提高也与成果挂钩，科技成果评级的标准是以科技成果的鉴定、评奖等级为依据的，而很少与科技成果转化和成效挂钩，这势必造成农业科研与生产脱离。如果科研立项不是为了和生产接轨，而是为了获取成果，达到评职称、调薪水、分房子的目的，这样他们将只注重向科技主管部门立过项交差，这样的科技成果从鉴定之日就宣告结束，这种不能转化为现实生产力的成果还能称得上是科技成果吗？这种现象与市场经济的发展是极其不相适应的。

(二) 人才资源减少，结构不合理现象日渐突出

农业科研单位是在计划经济体制下建立的，各类行政管理、生产工人等人员一般都占到职工总数的50%，真正在第一线从事科研的人员仅为1/3～1/2。农业部门20世纪50～60年代参加工作的老专家也陆续到了退休年龄，在未来五年将全部退完。近几年，每年都有退休人员，但各单位由于多种原因新进大学生减少，专业技术人员年均递减呈加速趋势，很大程度上会出现人才断层。国家级、省级农业科研、推广部门都有一定比例的博士、硕士高学历人才，但占很大比重的地市级单位的高学历人才就很少，许多单位是空白。农业部门科技人才学历以大学本科、专科为主，中专占20%左右比例，由于缺乏高学历人才，在某种程度上制约了科技创新。目前，科技人才资源知识结构和专业结构不能适应地市级经济发展的需要，尤其缺乏一批懂科技、懂开发、善经营、会管理的复合型人才，人才整体质量受到严峻挑战。

(三) 科技成果转化发展不平衡，运行体制和机制不适应

1. 农业科技成果转化发展不平衡，表现为"三高三低"

(1) 国家级、省级农科院以及像山东青岛、四川绵阳、河南周口、江苏徐州等有牵动性成果的地市级农科院所科技开发队伍强、实力强，其科技成果转化率高，而研究水平层次低的科研单位科技成果和科技开发队伍水平一般，其科技成果转化率低。

（2）农民急需的推广品种和生产技术成果转化率高，而非农民急需的、市场前景不大的科技成果转化率低。

（3）交通便利、科技含量高的农村科技成果转化率高，而地处偏僻、落后的农村科技成果转化率低。

2. 农业科技成果转化的运行体制基本上采取两种形式

（1）统一体制，由农科院所、推广等农业部门以单位为开发实体进行统一经营和科技成果转化，弊端是科研、开发两张皮，科研与开发人员在利益分配上相互攀比，如追求平均，势必机制不活，挫伤科研人员从事科技成果转化的积极性，造成干多干少一个样，致使科技成果转化率低。

（2）分散体制，农业部门以单位、研究科室、课题组、个人为多种开发实体进行科技成果转化，弊端是重开发，轻科研，规模小，科技含量低，内部竞争激烈，短期行为严重，有的还损害单位的利益和信誉。

以上两种运行体制，虽然是以企业法人资格出现于社会，但共性沿用事业管理模式，内部运行体制、机制仍然是事企不分。首先，是人员事企不分，从事成果转化的人员都是事业编制，但工资福利有的是单位解决，有的是单位解决工资、福利由实体解决，有的是由实体解决工资、福利等同于单位职工；其次，是产权不明晰，没有按照现代企业管理制度来执行，实体和单位没有办理清产核资和非经营性资产转经营性资产手续，虽然对外都称"股份有限公司"或"有限责任公司"但因没有履行报批手续，公司章程和注册资金名不副实。

（四）科技投入不足，制约科技创新和科技成果转化

据资料介绍，世界发达国家研究开发费用占国内生产总值的比例一般为 2.5% 左右，而我国不到 1%，有些年份很低，如 1996 年仅为 0.5%。目前，地市级农业科研单位经费普遍偏少，科研项目少，有牵动性的大课题少，尤其是"科技三项经费"更少，远远达不到国家规定的标准。已经转化的科技成果也是社会效益大，自身效益小，所以单位没有更多的经费用于科研的投入，更不可能拿出经费用于科技人员的培养，有的科技人员多年甚至 10 多年没有机会外出培训接受新知识，致使知识更新慢，科技创新能力差，没有突破性新成果，发展没有后劲，这也在某种程度上制约着科技成果的转化。

（五）知识产权保护未得到重视

虽然我国已经颁布实施了《中华人民共和国知识产权保护法》与《中华人民共和国农作物新品种保护条例》等法律，但由于受多年计划经济和和现行科研体制的影

响,许多单位和个人对知识产权不予重视,单位和个人法律意识薄弱,守法意识没有整体建立,有的不管科研单位的科技成果保护与否,他们都照用不顾;有的还盗窃科技成果,将科研专家多年辛勤劳作的科技成果窃为己有。科研专家打假力量不足,诉讼法律又分散科研精力,只好望洋兴叹、无可奈何,大大挫伤了科技人员科技创新的积极性。就拿作物育种而言,育种是农业技术创新活动中最活跃的因素,品种权是一个单位生存和发展的基础。植物新品种保护的核心就是保护品种权,但由于种子是生物技术的载体,具有繁衍性的特点,又是一种商品,其技术秘密难以保密,容易被竞争对手所模仿,变成许多替代品,所以品种保护很困难。这也是最令育种家头痛的事,有的尚未育成的品种还在选育阶段就被窃走,有的培育的品种刚获审定还未推广,但在种子市场上已经处处可见了。知识产权保护步履艰难、由此可见一斑。

四、农业科技成果转化的制约因素

(一) 成果转化的外部要素

农业科技成果转化具有其特殊性:一是研究开发周期长,需要投入大;二是受自然环境影响大;三是社会效益显著,自身效益低;四是使用对象广泛且分散。它决定了农业科技成果的转化面临着自然、社会、经济等诸多障碍因素,最主要的是体制不顺、运行机制不协调;科技投入不足,特别是科技成果转化资金明显短缺,科研、推广和生产的分离,长期形成重视学术上先进性的成果评定制度,而忽视了成果的适用性和效益性,国家也很少下达中间试验经费。参照发达国家的科技投入配比,研究、开发、推广是 1:10:100,科技投入占国民生产总值的 2% ~3%,我国仅占不到1%,推广经费只有研究开发经费的 1/3。要将科技成果转化为现实生产力必须有物质技术要素的支持,包括人力、资金、设备、材料、信息等多种要素。资金投入不足已成为制约科技成果转化的关键要素。

(二) 成果的产生环节

表现在农业科研选题与生产、市场需求普遍存在脱节现象。计划管理与成果管理、推广管理缺乏紧密的联系,立题论证时常缺乏成果部门和生产部门的信息反馈,所依赖的文献信息常伴随其滞后性与局限性,造成课题起点不高,微薄的经费令科研人员难以长期深入生产第一线,对生产中需求的重点问题难以抓准。世界上发达国家研究、开发项目 70% ~80% 来源于市场与生产需求,技术创新能直接运用于生产,而我国 60% ~70% 的成果难以转化。

1. 科研投入强度不够

我国财政用于科技的研究资金占财政总支出的比例呈逐年下降趋势。

2. 农业科研偏重产中研究

产前、产后科技力量十分薄弱，尤其产后科技力量不足导致了农产品加工、贮运、保鲜等可大幅度提高农业附加值的技术成果不多。美国 20 世纪 80 年代，产前、产中、产后科技人员结构比为 18：12：70。我国农业科研开发机构 1 523 个，90% 以上集中在产中阶段。而产中阶段成果在转化中的社会效益显著，成果本身的效益大多难以实现，甚至要从微薄的科研经费中支付给农民相当的试验推广费。

3. 成果利益的负效应

成果完成的排名与职称、住房、津贴等利益以及其他相关因素挂钩，致使课题越分越小。

4. 科研手段与工作条件差

农业技术取得重大突破的技术难度越来越大。

(三) 成果的转移环节

1. 国家拨给农业的研究经费

没有包含中试经费，科研单位长期缺乏中试经费和条件，造成科研方面研究出的新技术、新成果难以转化，生产方面又缺乏具有成熟、配套和适用的成果推向社会。而中试和生产示范是科技成果从学术殿堂走向实际应用的中介是科技成果第二次创新与完善的必备场所，转移环节的薄弱使许多成果只能停留在样品、展品阶段，没能发挥其在经济增长中的作用。

2. 中试环节风险大

尚未建立风险与利益并存的机制，且与工业相比，农业科技成果商品率低下，转让合同占当年获奖成果，工业占 51.4%，农业仅为 9.7%。技术交易不够活跃，市场信息不够灵通，技术经纪行业发展缓慢，对促进农业科技成果转让的推动力小。

(四) 成果使用环节

1. 农业科技成果的使用方——农民，对科技成果的了解程度低，现有农村生产经营方式高度分散。我国 80% 的耕地仍然使用祖先传统的耕作工具，60% 的家禽品种、30% 的农作物品种没有实现替代，加之农民收入少，文化素质低，大多数人不愿以有偿的新技术取代无偿的传统技术。

2. 农业科研周期长，取得一项成果大都需要 5～10 年，且农业特有的属性使大部分科研成果难以形成物化产品来进行推广。

3. 推广经费匮乏难以增强推广力度。实际中不少成果的推广应用处于自生自灭的状态。虽然报奖前必需具备应用效益证明，但一旦得到奖励，科研人员也就觉得完成了使命，至于能否推广就另当别论了。

除上所述外，还有诸如成果转化意识不强、政策不配套、服务体系不完善等，都影响着农业科技成果的转化。

五、农业科技成果转化与成果本身的关系

在众多的农业科技成果中，有的商品化程度高，转化快，容易被推广应用，甚至呈"不推自广"的态势，并且采用率高，应用范围广，能产生良好的效益；而有的却不容易转化，推而不广，甚至造成损失。究其原因，就是农业科技成果本身的质量问题。农业科技成果本身质量的高低是影响转化的根本因素，那些本身质量不高的农业科技成果要转化为现实生产力实在是很难的。在我国，造成有大量的农业科技成果质量不高，其主要原因有 3 个方面。

(一) 农业科技人员商品化意识不强

当前，很多农业研究机构科研工作的取向不对，不是面向市场和经济建设，而是面向政府和上级。有些机构的科研人员在课题申报、论证、检查、验收、鉴定所花的时间和经费有时要占到课题全部的 50% 以上，真正用在课题研究上的不到 50%。不少农业科研人员在选题时缺少充分论证，所选的研究项目与实际联系不紧密。为了出成果，立项时对如何能顺当地完成研究的因素考虑较多、也全面，而对于后果出来后其应用价值和如何去适应市场推广应用的因素考虑较少、甚至不考虑。因此，研究成果虽然是出来了，但不一定适销对路，不一定让农民所接受，这样的农业科技成果转化自然就难了。值得提出的还有：在众多的农业科技成果中，单项技术成果多，综合配套技术成果少；增产的技术成果多，增收的技术成果少，既增产又增收的就更少。其实，农业是一项综合性很强的产业，它所需要的技术是多层次、多方面的综合性技术，特别是我国农业处于发展新阶段农产品充足的情况下，那些只能增加数量，不能提高品质的农业科技成果要转化、要推广应用当然是很难的。

(二) 研究与开发经费严重不足

我国农业科技研究与开发经费总量既是绝对数不足，也是相对数不足。在绝对数量上，我国每年在农业科研开发上的经费，比不上美国一个大公司在农业高新技术科研开发上的投入；在相对数量上，发达国家农业科研经费占农业总产值的 2% ~ 4%，

发展中国家平均约为 1%，而我国只有 0.2% ~ 0.5%。我国农业科研经费总量不足，主要原因是农业研究与开发的经费来源渠道单一，几乎都来自于政府。而发达国家不是这样，如美国，在 20 世纪 80 年代私人对农业科研投入几乎与政府拨款相等，每年约 21 亿美元；20 世纪 90 年代美国私人对农业科研投入上升为 53%。

（三）研究与开发实力不强

由于我国农业比较效益低，从事农业科技工作的待遇差，因此，乐意从事农业科技工作的人员是很缺少。目前，我国农业科技队伍不强壮、不稳定，整体素质不高，而且力量分散、缺乏统一的组织与协调。我国的农业科技机构，大多数隶属于不同上级的政府部门，由于大家都有面向各自上级的倾向，各自通过各自的系统争取政府的科研经费，很难统一组织力量面向市场去进行产品设计和科技攻关，再加上缺乏有效的信息沟通机制，造成研究项目低水平重复，使政府本来就很少的科研投入，变成撒胡椒面。这种局面，科研出不了过硬的成果，也就不足为奇了。

六、农业科技成果转化与采用者的关系

农业科技成果本身具有潜在生产力，只有通过推广应用，使科学技术与生产力最活跃的要素——劳动力结合起来，也就是说，只有让农民认识、掌握、在实际生产和经营上被采用，并产生了效益，才能说转化为现实生产力了。因此，农业科技成果的采用者（农民）是农业科技成果转化的主体；农民自身的素质高低特别是科学文化水平的高低和采用科技术意识的强弱程度，是影响农业科技成果转化的直接因素。从总体来看，目前我国农民素质比较低，采用科学技术积极性不高，对农业科技成果转化构成障碍因素。

（一）当前从事农业生产经营的农民，其整体素质很低

一是文化水平低，我国文盲和半文盲人群主要集中在农民中，真正从事农业的农民连高中生都很少见。二是科技水平低，在我国现有农民中受过农业技术正规教育的很少，就是经过农技培训的也不多，他们对科学技术的接受能力和应用能力都很差。三是劳动力水平低，由于农业的比较效益低，进行农业作业辛苦，因此大部分有文化的青壮年农民都外出打工或弃农经商了，现留在农业战线、真正从事农业生产经营的多为老、弱、病、残者。四是对采用科学技术存在着心理障碍，不少农民由于受教育水平、风俗习惯、传统经验和宗教信仰的影响，因此在对待科学技术的态度上和采用科技成果时，常常产生不同的心理障碍，如不愿意轻易抛弃传统经验的守旧心理，害

怕担风险的求稳心理，满足于现状的惰性心理，喜欢随大流的从众心理，急于求成的现实心理，不求上进的自卑心理等等，这些心理障碍严重地影响着农民采用科学技术的效率，阻碍着农业科技成果转化。

（二）当前的农业生产经营方式不利于农业科技成果转化

目前，我国农村普遍采用土地承包分散经营的方式，以农户为基本生产单位的小农经济，其经济力量分散、薄弱，农民不可能具备增加科技投入的内在动力；并且因为土地规模过小，小块土地的分散耕种，很不利于一些大型综合性的农业技术的应用；同时，分散的农户经济也没有足够的物力、财力，承担起对传统农业进行现代物质技术装备的任务；另外，随着我国产业结构的调整和经济的发展以及人们对农产品需求的不断变化，农户采用农业科技从事农业生产经营会面临更大的风险，承受更高的机会成本，不少农民在权衡各种机会的收益和风险的基础上，放弃采用农业科技成果从事农业生产的机会，为其理性选择的结果，这些都严重地制约了农民采用科学技术的积极性，阻碍着农业科技成果转化。

七、农业科技成果转化与推广者的关系

农业科技成果能否实现潜在生产力向现实生产力转化，关键在于农业科技成果能否及时顺畅地传播扩散到成果采用者（农业企业、农户、农民）手中，使其应用于生产实践并产生效应。完成这一传递任务起桥梁作用的中间环节便是农业推广。农业推广是促进农业科技成果转化的至关重要的工作，它涵盖的内容丰富、涉及面广且相互关联紧密。如农业推广体制、运行机制、推广机构和推广人员以及工作条件等诸方面都要一起行动，同时发挥应有的作用，才能使农业推广充满活力，体现其功能，产生良好的推广绩效，促进农业科技成果迅速转化。多年来，党和政府非常重视农业推广工作，使得农业科学技术在农业发展中起到很大的作用。但是，从总体上来讲，我国的农业推广还存在不少矛盾和问题，严重地阻碍着农业科技成果转化。

（一）农业推广体系不健全、运行机制不灵活

20 世纪 90 年代的中期，我国的农业推广受市场经济负面冲击，发生了新中国成立以来的第二次"网破、线断、人散"的现象，整个农业推广体系遭到破坏、农业推广工作处于瘫痪状态。几年来，经过中央和各级政府的努力，不良局面得到扭转，造成的损伤已经恢复，农业推广事业有了较大改革和发展。但是，农业推广体系和运行机制还很不适应市场经济发展的要求。我国建立的以政府办的专业推广机构为主体、

专群结合多层次的农业推广体系仅是一种自上而下的纵向直线模式，其运行机制仍然是利用行政手段的推广体系。在运行中存在不少问题，主要表现为农业推广部门与行政以及相关单位之间不协调和农业推广体系内部上下关系的不通顺。中央一级农业推广机构已经合并为一个综合的农业推广服务中心，县级建立县推广中心，乡镇建立综合性推广站，可是省、地（市）两级的农业推广机构还没有合并成立推广的综合机构，还是农、林、牧、渔各有其机构在搞推广，这样就造成垂直指挥不通畅，并且在总体农业推广经费投入不足的情况下，推广经费由多个渠道下拨，造成基层推广机构得到的会更少，加剧了真正搞农业推广的经费紧张程度。另外，这种农业推广体系从本质上来看还是一种政府行为，没有发挥农业科技人员和农民各自的积极性，因为这种推广体系和运作机制未能使农业科技人员与农民之间发生普遍的直接的经济联系，容易造成农业科技人员与农业生产脱节，与农民需求脱节，造成农业科研偏向重视科研成果的学术水平和技术的先进性，而忽视科研成果在生产中可行性和经济上的有利性，最后导致农业科技成果转化艰难性增加。

（二）农业推广队伍不稳定，农业推广人员素质低

农业推广工作的成败在很大程度上，决定农业推广队伍的素质，即农业推广人员的数量和质量。当前我国农业推广人员数量不足，素质低下，整个农业推广队伍不稳定。据有关资料显示，我国农业推广人员占农民总数的 0.053%，这个比例与发达国家相差很大，远远不能满足农业发展的需求。由于在聘用农业推广人员制度上，我国还没有建立完整科学的考试、培训和职务评定制度，因此我国的农业推广队伍总体水平较差，农业推广人员知识老化，知识结构不合理，缺乏创新精神和创新能力。更严重的是，由于农业比较效益低，国家对农业推广投入不足，致使农业推广人员工资低、待遇差，工作环境条件艰苦，使得这支本来素质就不高的农业推广队伍还很不稳定。依靠这样一支农业推广队伍要去完成农业推广任务、实现农业科技成果转化，其效果就可想而知了。

八、产权制度改革促进农业科技成果转化

农业科研机构的产权制度改革是建立农业科技创新机制的最为重要的部分之一，也是促进农业科技成果转化的关键。其目标是在产权清晰、权责明确、政企分开、管理科学的基础上，实现农业科技机构或科技型企业的依法自主经营，自主决策，自我发展。从目前的实践来看，农业科研机构的产权制度改革，一般根据其从事的科研性质，是基础研究性质还是应用开发性质，分别采用不同的改革办法。总体来看，主要

是 3 种改革模式。

（一）科研机构整体进入企业

是指农业科研院所整体进入企业或企业集团，成为企业的技术开发机构、子公司、分公司或其他分支机构，其事业单位性质彻底转为企业性质，其国有资产经评估，作为股份投资进入。目前，我国农业多数为农户的小规模经营，大型的有实力的企业和企业集团较少，并且连续多年粮食市场供过于求造成粮食企业经营困难，使得通过农业科研院所整体进入企业的改革模式受到一定的局限。

（二）农业科研机构整体转制为企业

按照企业的运营机制来进行运作，成为研究、开发、生产、经营一体化的独立法人实体。其主要形式是组建国家、研究院、职工各占合理股份的农业科技型股份制企业。转制后的农业科技型企业，其经营目的就是追求盈利，必须建立现代企业制度，决策机构由"老三会"（党委会、工会、职工代表大会）转变为"新三会"（董事会、监事会、股东代表大会），按照"产权清晰、权责明晰、管理科学"的原则，改革用工制度、分配制度，建立法人治理结构，真正建立企业在用人、筹资、经营、约束与发展方面的良性运行机制，真正实现"六自"（自筹资金，自主经营，自负盈亏，自我约束，自我发展，自由组合）方针，实现科研与经营相结合。

（三）对原有农业科研机构实行研究主体与产业实体并存的方式

也就是将农业科研院所进行拆分，一部分成为适合市场经济的非营利性新型农业科研院所、重点实验室、工程中心、科研基地，另一部分从原科研机构中剥离出来进行产权改革组建股份制科技型企业。这种方式的产权制度改革成为目前农业科研机构产权制度改革的最主要方式，原因在于从科研院所转制的几条途径来看，企业不景气尤其是农业企业集团奇缺，注定农科院所进入企业的机会很少；农业科研院所普遍基础条件差，农业科技成果推广应用难度大，产业化进程慢，绝大多数农业科研单位还没有能力完全自己养活自己，这种客观情况就决定了将其"一刀切"整体推向市场转为企业也不现实。

九、促进农业科技成果转化的对策

促进农业科技成果转化是一项复杂的系统工程，涉及农业科技成果从产生到采用的各个环节，因此要求政府、科研、推广、农民之间都要积极工作、团结协作、寻求对策、采取措施、创造条件，形成内外结合、对症下药态势，加快农业科技成果转化。

（一）提高农业科技成果质量

农业科技成果转化的先决条件是农业科技成果本身是优质的，必须具有技术上的先进性、经济上的合理性、生产上的可行性等明显优势。为此，必须深化农业科技体制改革，加强农业科研管理，促进农业科研与经济紧密结合，提高农业科技成果质量。

1. 应从科研的立项、申报抓起，对那些技术先进、应用性强、有明显经济效益、并能自创条件尽快完成研究任务的选题优先批准立项。

2. 在项目研究进程中，要加强管理，进行定期的检查和督促，确保项目按期完成。

3. 在成果鉴定时，应充分发挥科研管理部门的管理职能和履行职责，严格按程序执行成果鉴定、核查、审批手续，保证鉴定质量，决不让不成熟的成果或没有任何价值的研究结果通过鉴定。

4. 要鼓励农业科研人员在选题时要深入实际，要把当前需要与长远发展紧密结合起来，在对国内外市场进行充分调查和精心预测基础上，摸清实际需要和现存问题，因地制宜地选准选好研究项目，同时在实际研究过程中还要根据实际生产变化特点、科技发展的新动向，不断完善、修改课题，体现"做课题时就想到了用课题"的意识，使研究成果不但价值高，而且易转化。

（二）增强农民采用科学技术意识

农民是农业科技成果转化的实施主体，其文化程度和科技水平的高低，决定了农业科技成果能否被农民接受和应用的程度。当前农村实行家庭联产承包责任制，农民各家各户生产，自主经营，接不接受你传授的科学技术，采不采用你推广的农业科技成果，完全由农民自己而定。同一优良的农业科技成果在农民面前会有不同的反映和态度，有的认可并采用，有的只认可但不采用，还有的不认可不采用。很好的农业科技成果，如果农民不接受、不采用，还是转化不了。这样看来，实现农业科技成果转化，农民是内因、是关键。因此，要加快农业科技成果转化，提高成果转化率，就必须加强对农民的文化科技的教育工作，提高农民的文化程度和科技水平。

1. 国家要加大对农村教育投入

当前要借农村开展的税费改革、减轻农民负担的东风，取消对农民乱收费、乱集资、乱摊派，并要增加对农村教育经费的投入，特别要加强对农村中小学的建设，搞好九年义务教育，杜绝新文盲的产生；继续扫除文盲和半文盲，提高全体农民文化水平。

2. 切实开展对农民的继续教育，增加农民的科学技术知识

要从农村和农民的实际出发，根据不同地区和农民的不同层次，进行多形式、多渠道的农业技术培训，使农民在掌握常规的农业技术基础上，增加高新技术知识。

3. 加强对农民进行心理教育，增强农民采用科学技术意识

要深入农村，走进农民中间，进行细致的调查研究，搞清楚农民对科学技术的心理反应特点，针对不同对象，分别采取不同方法，进行宣传诱导，增强农民采用科学技术意愿和积极性；同时遵循农民认识事物的规律性，尊重农民对科技成果有一个吸收、消化和采用过程，认可农民中间对同一科技成果采用的不可同步性的特点，应有行为科学原理，耐心、友好地与农民沟通，促成农民接受和采用科技成果意识的迅速形成，从而加快农业科技成果在推广区整个农民群体内的移动过程，缩短不同类型采用成果间的距离，以致加快农业科技成果转化。

（三）完善农业推广运行机制

推进农业科技成果转化，必须要有健全的推广体系、完善的运行机制、良好的推广方法，因此，必须在现存的农业推广体系的基础上进一步地改革和完善，尽快地建立起能适应社会主义市场经济需要的多层次、多成分、多形式、多功能的农业推广体系，并完善各推广机构的运行机制，增强推广活力。

1. 要大力加强政府办的国家农业推广机构的改革和建设

必须改革省、市两级迄今还处于按专业设置划分的农作、植保、土肥、畜牧、水产、农机等农业推广机构，自成体系，各搞各的推广，缺乏统一协调的局面，尽快将这些分散的小专业的推广机构合并，像县、乡两级一样建立农业推广中心，进行综合整体的农业推广；必须根据"巩固县级、加强乡级、健全村级"的指导思想进一步抓紧县中心、乡（村）站的农业推广机构建设，补充人员，增加设备，完善运行机制，发挥应有功能，搞好农业推广工作。

2. 要大力培育和发展各种民办的农业推广组织

各地先后产生的企业加农户、协会加农户等民间的农业推广组织，因为他们把农业生产和市场结合紧密，其运行机制灵活、高效，具有强大的生命力，应该采取扶持政策，使其壮大发展，为搞好农业推广服务。

3. 培育和发展农业科技企业，推进农业科技成果产业化

建立农业科技企业，实现农业科技成果产业化是农业科技成果转化的好形式，它不但可以使农业科技成果研制机构和农业科技成果推广部门所进行的活动与自身利益挂钩，得以提高各方面的积极性，激发他们能根据农业发展对技术的需求，努力进行科研和推广活动，推进农业科技成果迅速转化；而且可以使农业科技成果直接通过市场进入农业生产经营环节，把科学技术与农业经济紧密结合起来，是农业科技成果转化最直接、最有效的方式，因此要通过各种途径，大力培育和发展农业科技企业，并促进农业科技企业内部有良好的运作机制，外部有良好的发展环境。

（四）稳定农业推广队伍

为搞好农业推广，促进农业科技成果广泛、迅速地应用于农业生产经营实践，建立一支既有一定数量又有较高素质的农业推广队伍是十分必要的。一方面要稳定队伍，充实人员，确保农业推广人员有足数量；另一方面要通过培养和继续教育，提高农业推广人员素质，为此必须在如下几个方面去努力。

1. 继续抓紧搞好农业推广机构的"三定"（定性、定编、定员）工作，加强农业推广机构内部的建设，特别要搞好乡镇推广站的建设。

2. 调整农业推广体系内人才配置的倒金字塔结构，据有关统计，在县级以上农业推广机构工作人员占60%以上，而在乡镇及乡镇以下农业推广部门工作人员占40%以下，并且推广人员的基本素质远远低于县级以上的推广人员，为此必须出台相关政策，鼓励农业推广人员到基层去工作，改"重上层、轻下层"为"精减上层、充实下层"，优先充实乡、村站工作人员，满足从事实际农业推广的需要。

3. 彻底清除前些年出现的"断奶"影响，增加农业推广投入，提高农业推广人员待遇，改善农业推广工作条件，解决农业推广人员实际困难和后顾之忧，使农业推广人员安心工作、努力工作、心情舒畅地工作，积极性得到充分调动，愿为农业推广多作贡献。

4. 加强农业推广人员的技术培训和政治教育工作，要在农业推广人员进行思想教育工作，提倡"献身农业、服务农民"的奉献精神，发扬团结协作、艰苦奋斗的优良作风；重视农业推广人员脱产学习和在职进修工作，鼓励农业推广人员努力学习专业知识，提高业务能力，开阔视野，拓宽知识面和专业技术的深度和广度，不断丰富推广经验，提高农业推广技能，为加快农业科技成果转化努力工作。

十、促进农业科技成果转化的措施

（一）开展农技培训，优化科技成果的转化

1. 加强农技培训中心建设，各市县要组建一定数量的培训中心，让这些培训中心

成为培训农民学习农业科技和文化知识的大学校。

2. 开展科普之春、科技之夏、科技之秋等活动，分别在农业生产的产前、产中、产后利用农闲时间对农民进行科技培训，把科技致富能手组织起来，组成科技致富大王讲师团到各地进行科技致富宣传，使农民在亲身体验、现身说法中受到教育。

3. 推广绿色证书制度，通过培训合格后取得农民技术员职称，使这些农民成为农业生产的技术骨干和转化农业科技成果、推广新技术、培育和选用良种、防治病虫害及技术咨询的带头人。

4. 实行农民职业规范化教育，以农村职业技术学校、农业广播学校、实行"3 + 1"体制的普通中学和各类技术培训中心为阵地，对农民进行较系统的培训，使农民职业教育经常化、制度化和规范化。

5. 结合实施星火计划培训人才，优先考虑星火计划的实施，按计划要求的内容进行专题讲座。

（二）进行技术组装，提高科技成果转化的综合效益

1. 围绕粮食、畜牧、水产、优势特产资源和生物技术等重点领域进行攻关，使其形成规模效益。初步建立起与生产条件相适应的耕作栽培技术以及与病虫害防治的配套技术。

2. 合理组装，全力组织推广。把各单项技术组装起来，有组织、有计划地加以大力推广。

（三）积极抓好典型示范，培育科技成果转化的辐射源

在农业科技示范工作中，重点抓"三区"建设。

1. 高效农业科技示范园区

通过完善组织机构，实事求是地制定切实可行的园区建设发展规划和与之相配套的优惠政策，积极组织对园区的科技培训，大力转化推广先进成熟的科技成果，强化组织、协调指导和管理，使之迅速成长和发展起来。

2. 重点建设几个星火技术密集区

星火技术密集区是科技成果推广的基地，能够起到很好的示范作用。

3. 农业综合开发科技示范区

把农业综合开发科技示范区和农业生态区结合在一起、健全技术体系与技术经济体系。

（四）切实加强基础建设，疏通科技成果转化的渠道

1. 建立农技推广组织机构，形成以省为主渠道，以市为重点，以乡为骨干，以村为

基础，以民间科技组织为补充的农技推广网络和以农业站、畜牧站、园艺特产站、农机站、林业站、经营站、水利站等为主体的横向网络的农技推广组织体系。

2. 健全社会化服务体系，搞好农业成果推广的全程服务，最大限度地提高成果转化的有效性，促进科技成果向规模化、产业化方面发展。

3. 抓科技情报信息系统建设、举办科技成果展示会、召开成果转化交流会、大力宣传科技成果等 4 个方面，疏通信息渠道，把科技信息尽快送到农民那里。

4. 从 3 个渠道促进科技人员与农民的结合。一是以农业科技人员为核心建立农业专业研究会和农民技术协会；二是采取"四包一挂"的形式，即包技术、包产量、包效益、包赔尝实行责权利挂钩；三是以省内大专院校、科研单位为骨干组成的科技服务小分队，在农业生产的关键季节到农村去搞技术讲座，现场传播技术知识。

（五）有效行使政府职能，加大科技成果转化力度

1. 强化决策系统的科技意识

要在加速科技成果转化方面有所作为，地方各级政府要坚持把这项工作纳入重要议事日程，努力强化决策系统的科技总识。一是成立科技与经济结合的领导小组，二是建立科技进步工作的考核制度，三是积极选派科技副职。

2. 制定优惠政策

要充分调动广大科技人员和科研、推广单位投身于农村科技事业和农业科技成果转化的积极性，地方政府要结合本省本地情况制定各种政策文件，加大科技成果转化力度。

3. 增加对科技成果转化的投入

在增加对农业科技成果转化推广的投入上，一方面通过立法增加投入，要求各级财政每年按一定的比例安排科技成果转化经费；另一方面有关部门每年还需拨出科教兴农专项活动经费和重大科技成果推广专项活动经费，用于资助科教兴农成果转化推广活动。

武汉市农村星火科技示范村示范户
体系建设实证研究

武汉市农村技术开发中心

胡华涛　韩小平　李少良　黄　浩　廖建华　孟雄伟

郭兴旭　彭　琳　李　响　杨　侦

摘　要　从武汉市农村星火科技示范村示范户体系建设的实证研究入手，分析了武汉市星火科技示范村示范户体系建设中存在的问题，提出了建立一套完善的以示范村、示范户为试点辐射带动农业科技成果转化的服务体系。

关键词　农村；星火科技；示范村；示范户；体系建设

在全市"农业科技促进年"系列活动开展如火如荼之际，笔者开展了武汉市农村星火科技示范村、示范户体系建设研究工作，按照"农业科技成果—示范村、示范户—产业化—走向国内外市场"一体化技术路线，构建武汉市农村星火科技示范村、示范户体系建设，以期加速农业科技新品种、新技术、新模式转移利用。全市范围内推荐示范村42个、示范户295户，其中，授牌示范村18个、示范户90户。据统计，授牌示范村人均收入超过当地平均水平20%以上，"三新成果"应用率高出普通村六成以上，授牌示范户辐射带动规模平均在50户以上，示范作用明显，为提高农业科技成果转化率起到较好促进作用。

一、武汉市农村星火科技示范村示范户体系建设的现状

武汉市反推动农业新品种、新技术、新模式快速应用作为星火科技示范村、示范户体系建设的最终目的，积极帮助星火科技示范村、示范户提升创新生产力、做强做大特色产业。在机制上，建立市、区科技部门与街（乡镇）、村、户共建的工作机制。

在手段上，紧密结合工作实际，采取自愿申报，区科技局初审，市科技局组织专家评审与实地调查等多道程序，确保遴选过程的公平与公正。在内容上，紧密结合星火科技示范村、示范户实际情况，把加强星火培训、专家指导、农业信息化普及纳入星火科技示范工作的重要范畴，推动星火科技示范工作的深入开展。

（一）体系建设过程

1. 发布并推广新品种、新技术、新模式

组织专家收集适宜武汉市农业产业特点的各类新成果，进行整理并发布 100 项新成果，其中，新品种 40 项、新技术 52 项、新模式 8 项；在 6 个新城区对 100 项实用成果进行推广使用。

2. 制定武汉市星火科技示范村、示范户遴选标准

星火科技示范村遴选标准：积极推广应用新品种、新技术、新模式，显著效益；积极组织农户参加各类技术培训，每年不少于两次。村主导产业科技含量较高，在本地区具有领先地位，一村一品特色较突出，有形成产业化的趋势。星火科技示范户遴选标准：积极推广应用农业新品种、新技术、新模式，在星火科技示范中起到带头作用，带动 40 户以上农户科技致富。

3. 组织申报

实行村、户自愿申报原则，进行申报的村、户分别经由所在街（乡、镇）、村同意后统一报所在区科技局。各区科技局对申报村、户进行初选，择优向市科技局报送村 5 个、户 50 个。经过以上严格、谨慎的申报程序，确保各新城区所报送的村、户已经是各区示范带动能力优秀的村、户、为下步的优中选优打下良好基础。

4. 组织评审

工作专班根据武汉市农业生产的基本情况，制定出星火科技示范村、示范户带动作用，"三新"采用情况、人均收入、主导（特色）产业规模、是否是当地特色产业、是否组织科技培训等 6 项评分标准。

5. 授牌表彰

星火科技示范村、示范户分别授牌"武汉市农村星火科技示范村"、"武汉市农村星火科技示范户"并予以表彰，鼓励其再接再厉，努力推广农业新成果，为武汉市农业科技创新多做贡献。对星火科技示范村、示范户开展星火科技培训，组织专家对示范点开展技术指导和服务，开展以示范户为重点的主体培训，进行跟踪指导等。

（二）体系建设特点

主导产业突出，示范村单项指标：①种植业：村民人均纯收入高出所在街（乡、

镇）农民人均收入 15% 以上；露地蔬菜 500 亩以上；大棚经济作物 300 亩以上；经济林 300 亩以上；形成一村一品规模，主导品种占产业结构 70% 以上。②养殖业：村民人均纯收入高出所在街（乡、镇）农民人均收入 20% 以上；畜禽饲养年出栏量在 5 000 头以上或年存笼量 10 万羽以上；特种水产养殖 500 亩以上或生产板块规模占全村面积 50% 以上；形成一村一品规模，主导品种占产业结构 70% 以上。示范户单项指标：①种植业：家庭人均收入高出同村人均收入 50% 或年经营产值 20 万元以上。②养殖业：畜禽年饲养年出栏量在 3 000 头或年存笼量在 3 万羽以上；特种水产养殖年经营产值达 40 万元或养殖面积 200 亩以上。

（三）体系建设效果

1. 具有高效生产模式

星火科技示范村、示范户在促进发展产业时，具有高效生产模式。蔡甸区洪北管委会的老河村、汉南区、邓南街的水一村等地引入企业，农民将土地流转给企业，企业获得大面积生产用地，便于集中管理以及进行规模化生产、形成特色、优势产业，而农民一方面直接获得土地流转收入，另一方面受雇于农业企业，获得务工收入，农民不用外出务工也能获得丰厚收入，同时又将农民留在田间地头，发挥出其务农技能。黄陂区蔡店乡的姚家老屋村等地采取的是企业直销的模式，姚家老屋村同样也引入农业企业，企业生产有机蔬菜，产品品质与价值较高，企业采用在武汉市区直销的模式将产品投放市场，减少流通环节、保证品质，有效解决了假冒产品冒充企业有机蔬菜的问题。另外，在工作专班实地考察阶段，工作人员还发现许多其他值得推广的生产模式，例如，新洲区双柳街的吊尾村，整体将土地流转给企业作为基地与办公场所，形成了显著的规模效益，并成为湖北省整村土地流转第一例。

2. 产业发展特色突出

各新城区星火科技示范村、示范户从事产业大部分为各区特色产业，如黄陂与蔡甸蔬菜、新洲与东西湖水产、江夏苗木、汉南林果。在突出各村、示范户产业发展也自有特色，形成了特色突出结构合理的产业村、示范户产业发展也自有特色，形成了特色突出结构合理的产业结构，如黄陂茶叶、新洲食用菌、江夏养猪、东西湖蔬菜、汉南玉米、蔡甸水产等。

3. 专家现场指导，星火培训内容丰富

星火科技示范村、示范户重视田间管理，其中，示范村全部有技术专家做技术指导。黄陂区蔡店乡姚家老屋村聘请华中农业大学园艺林学院汪李平教授作为技术专家，汪教授每月两次到现场做有机蔬菜种植技术指导，收到显著效果。江夏区金口街雷岭村谢体文从东北引进紫云黑豆在当地种植，为保证作物适应本地环境，谢体文专

门从吉林请来技术专家做长期技术指导。此外各星火科技示范村、示范户聘请技术专家由省、市、区、街（乡、镇）多级构成，专家资源得到充分利用，很多地区还有专家为农民进行技术培训，或者由村里建立培训基地，统一聘请专家来为农民进行技术培训。

4. 示范带动作用明显，示范产值和人均收入高

星火科技示范村、示范户无论是在新品种、新技术、新模式的引进，还是生产技术示范指导都起到了明显的带动作用。例如黄陂区李家集街龙须河村熊燕在外打工多年后，回到村里开始创业，其养殖鸽子销路稳定，技术成熟，取得良好回报，并带动了周边 36 户农民共同养殖，熊燕不仅为周边农民引进良种，还在养殖技术上积极给予指导，目前，熊燕在市科技局小康工作队的帮助下取得了营业执照，正在积极办理小额贷款，准备扩大生产规模。蔡甸区老河村洪北管委会老河村推广西甜瓜种植，由于当地没有大规模种植西甜瓜经验，村干部就带头种植，并积极为村民讲解种植西甜瓜的投入产出比，村干部成为了种植大户后，农民看到了实惠，纷纷开始大规模种植西甜瓜，几个村干部用诚心带动了整个村农民增收。各区星火科技示范户平均年产值见下图。

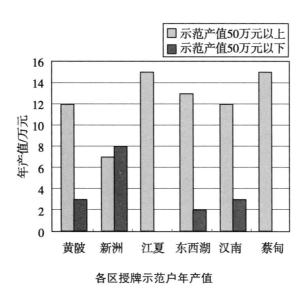

各区授牌示范户年产值

二、武汉市农村星火科技示范村示范户体系建设存在的问题

（一）年龄偏大

从人选人员年龄看，50 岁以上占 55%，40～50 岁占 40%，40 岁以下占 5%，存

在青黄不接现象。

(二) 分布不平衡

示范村、示范户多集中在交通便利、信息接收快的街镇；而地处偏远、信息接收慢的街镇，示范村、示范户相对较少。

(三) 经费不足

本项研究工作是以课题经费作支撑，每个示范村补贴 2 万元、示范户补贴 0.2 万元，不足应对扩大再生产。

三、研究结论

武汉市农村星火科技示范体系建设重在农村星火科技示范能力建设，它以科技示范为核心，坚持社会效益和经济效益相统一的原则，直接向广大农民推广新品种、新技术、新模式，有利于加速科技成果转化，推动农业结构调整、促进农民增收。通过项目实施，为农村培训农业科技致富能手，使农业科技成果应用于农业生产领域，发挥辐射带动作用，以人带户，以户带村，以村带乡，形成一个行之有效的农村科技成果转化示范新模式。

武汉市农村星火科技示范体系建设分为"户"、"村"和"基地"三级体系。按照逐年实施，梯次推进的原则，加大在革命老区开展星火科技示范体系建设力度，扶持老区农业科技发展，增强老区农业科技创新能力。引导传统农业向现代农业转变、最终建立一套完善的以示范村、示范户为试点辐射带动的农业科技成果转化服务体系。

参考文献

[1] 曹锦清. "三农"研究的立场 [J]. "三农"中国，2004 (2).

[2] 高启杰. 农业推广模式研究 [M]. 北京；中国农业大学出版社，1994.

[3] 郭永田. 试论发展农村信息化 [J]. 农业经济问题，2007 (1).

[4] 韩立军，盖羽明，赵永成. 大力推进农业信息化加快社会主义新农村建设步伐 [J]. 山东农业科学工作者，2006 (增刊).

[5] 韩小平. 农业科技成果推广转化中的难点与对策 [J]. 科技成果纵横，2001 (1).

农业科技成果转化问题研究

——以湖北省武汉市为例

(1. 武汉市农村技术开发中心；2. 武汉市科学技术交流中心)

韩小平[1]　廖建华[1]　黄　浩[2]　彭　琳[2]

摘　要　以武汉市农业科技成果转化的现状为例，分析了农业科技成果转化工作中的难点和现状，运用了3种"推广转化模式"的对策，取得了显著的经济效益和社会效益。

关键词　农业科技；科技成果；推广转化；对策

近20年以来，武汉市在农业科技成果推广工作中不断地克服凸显的难点，促进农业科技成果推广工作不断发展在寻求新的农业经济增长点的过程中，农业科技成果转化工作变得越来越重要，存在的问题也变得越来越明显。

一、农业科技成果推广转化的难点

(一) 农业科技推广服务体系工作力度减弱

农业科技推广服务体系在武汉市没有形成配套网络各部门的服务机构转为经济实体后，由于经营规模和效益不稳定，导致开展科技示范服务工作的力度有所减弱，给农业科技成果转化工作带来一定的不良影响。

(二) 农业科技成果本身的质量问题

科研选题偏离市场需求，多数农业科技成果不能直接应用于生产，只是停留在基础研究阶段和实验室成果阶段，并没有达到应用技术开发和中试、示范推广转化阶段。

(三) 农户的经营规模制约着农业科技成果的采用

一些地方由于土地承包经营权的不稳定，农民对增加科技投入缺乏长期的获益保障，这也阻碍着他们采用农业科技成果的积极性农业科技成果及其应用有别于其他行业科技成果的特点：第一，农业科技成果只有部分是物化成果。并非每项成果都可以用来转让；第二，农业科技成果转让的对象是千家万户的农民，并且，农业科技成果绝大多数形成不了专利，不具备垄断和保密的性质；第三，特别是粮食、棉花等主要农产品的生产，效益仍然很低，成果转让和技术服务如果收费过高，势必影响农民应用科技成果的积极性。从而影响科技成果转化进度所以从特性来看，农业科技成果及农业技术不可能按照其本身的价值进行转让，有偿服务不足以解决农业科技成果推广经费。我国"三农"之间在管理体制和运行机制上仍然是条块分割，难以形成整体优势。各单位对自己的科技成果尤其是重大科技成果，为追求自身的经济利益，宁可小打小闹搞推广进行有偿转让，也不愿意靠推广部门的网络体系和力量推广其成果，而让其分享利益即使有合作也常常因为不能合理分享利益而不欢而散，因此影响了农业科技成果的转化

二、农业科技成果推广转化的现状分析

(一) 农业科技成果转化体系

在计划经济体制向市场经济体制的转轨和传统农业向现代农业的转变过程中出现了许多新的问题，如科研、推广、生产脱节、科技成果转化率偏低等问题。武汉市农业推广体系中有3种形式：一是局属推广部门，农口各局下设的推广中心（站）都负有一定的推广任务，还担负着主管局下达的年度目标任务；二是院校成立的种子公司，大学院校成立的种子销售公司直接到农村开辟基地，采用种子、栽培技术配套服务的推广方式，也取得实效；三是农民自发组织，随着农民科学种田意识的增强，涌现了由农民组成的农技推广队伍，包括农民技术员、科技示范户等。有的地方热心农技推广的农民自发地组织了起来，出现了群众性的农业科普组织和农民专业服务组织。由农民科技人员现身说法做农技普及工作，既节省国家投入，又容易被农民接受，往往获得事半功倍的效果。从作用看，这支队伍是联系国家和农民的中介。在宣传科技知识、示范科技成果中起着不可替代的作用，他们代表了中国农业发展的方向。上述3种组织形式各有所长，但是，缺乏统一管理。

（二）产学研紧密结合的服务功能

华中农业大学教育部油菜工程研究中心于 2001 年由教育部批准组建成立。2004 年 11 月通过验收该中心主要从事油菜杂种优势利用及基础研究、生物技术辅助油菜品种改良、油菜种质资源创新与利用、油菜基因组学和重要基因分离、油菜功能基因组学、油菜育种和品质检测新技术等方面的研究自中心建设以来，共育成优质油菜新品种 26 个，年推广面积达 1 500 万亩。武汉市国英种业有限责任公司是集科研、生产、市场销售、技术辅导为一体的新型农业高科技企业，注册地为武汉市黄陂区武湖农场。公司成立近 3 年来，致力于发展高产杂交水稻事业，通过聚合高校智慧、整合社会资源、运用市场机制、强化研发创新、实施质量管理以及完善市场营销和技术服务体系，已经成长为荆楚种业市场上的生力军和具有高新科技特性的专业公司。

（三）科技成果进村入户的实现形式

以示范为引导，以点带面传播、扩散科技成果农业科技示范是展示农业科技成果的重要窗口，对农民学科技、用科技具有示范和引领作用根据我国农民"眼见为实"、"百闻不如一见"的传统习惯和特点，武汉市的农业种业公司在区域主导产业中心地带建设了农民看得见、摸得着和最具有说服力的农业科技示范基地，指导农民学科技、用科技，为农民增收发挥了重要作用。

创建农业专家大院，建立科技入户新通道。农业专家大院是一种由政府搭台、专家唱戏、企业和农村经济合作组织参与的新型推广模式。专家、教授以大院为平台，通过农业示范、培训、信息咨询和服务。直接将农业新品种、新技术、新成果输送到农业生产者手中，建立起了科技直接进入农户的新通道。

三、农业科技成果推广转化的对策

（一）目标管理的转化模式

对重点项目实施"目标管理的转化模式"如"水稻盘式早盘秧再生高产综合技术大面积推广"项目经武汉市科技局立项后，列入市政府目标考核项目。市科技局、市外办、市农业局联合以文件下发各区、市财政局下文对各区下达"以奖代补"经费的通知，市有关委、办、局成立了领导小组。做到年初有计划、阶段有检查、年终有总结。

按照市里统一部署，各区相继成立了以分管农业或科技的区长为组长，科委、农委和农业局领导为副组长的推广工作领导小组，除了下发文件外，还分别和各乡镇主要负责人签订了"生产责任状"在组织实施过程中，市农业科技成果推广办公室和各区通过"三下乡"以及技术培训等形式，邀请专家、教授不定期深入田间、地头开展技术咨询和技术服务，为"旱抛再"的推广工作提供了技术保障。各区按照市里的要求，做到层层抓样板，办好千亩示范片、百亩示范乡项目实施期间全市7个农业区累计推广面积达188.45万亩。净增稻谷9.3万吨，新增利润1.08亿元；投入资金276.3万元。办技术示范点266个，示范面积23.3万亩，举办技术培训班1071次，培训人员21.7万人次；发放各类技术资料23.09万份、使用硬盘1624.8万片。项目结题时在东西湖区召开了项目验收会，由华农大、省农科院和市属农业科研、管理部门的专家评议、总结、鉴定，该项目通过了验收。

（二）与外地协议的推广转化模式

天津市黄瓜研究所研制的"1号"瓜新品种寻求在武汉地区推广，武汉市农业科技成果推广办公室签定一份合作推广协议。在江夏区和东西湖区分别选点示范推广，并纳入武汉市科委成果推广计划。两年试种平均亩产大农业5500千克以上，而且商品性好：瓜条直、刺少、色泽亮绿、腔小肉厚；用药少、农药残留少、市场潜力优势巨大。通过专家现场观察、评议，一致同意验收，并建议加大宣传力度，大面积推广至今，该品种已经成为武汉市无公害蔬菜骨干品种。

（三）工程推广模式在编制

农业科技成果年度计划时，提出"11推广工程"即各区科技局和市属科研所每年至少确定一个推广项目，实现产值1亿元。实行3个开发并举，即"依托开发、合作开发、自我开发"。实现3个推动。一是推动乡镇企业的新一轮发展；二是推动农业产业化的发展、培育新的经济增长点；三是推动我市农业产品生产再上一个新台阶。

武汉市菜科所"自我开发"的耐热和耐寒萝卜新品种，在推广过程中投入15万元，新增利润5800万元，所内仅种子一项销售收入达到150万元；藕系列品种推广，投入75万元，新增利润2925万元。两个项目推广到农村，成为农民致富、所内创收的新的经济增长点。

武汉市联乐种业公司依托华中农业大学油菜工程研究中心"依托开发"26个优质油菜新品种，在全国年推广面积达1500亩。

武汉隆福康农业发展有限公司和江汉大学"合作开发"的"优质特色水稻黄毛

黏"保优高产配套技术及产业化开发项目项目实施期间推广 32 万亩。累计增收近 8 000 万元。按每亩产稻谷 450 千克，稻谷回收价格 2.5 元/千克。种植该品种收入为 1 125 元，目前，广泛种植的杂交稻亩产 550 千克左右，稻谷为 1.6 元/千克左右，农民收入为 880 元/亩。种植水稻黄毛黏每亩增收 245 元。

（四）老区扶贫科技推广模式

实践证明，推广农业科技成果，促进经济增长是解决贫困问题的关键。根据测算 20 世纪 90 年代中国贫困人口减少与经济增长的弹性系数为-0.8，即 GDP 每增长一个百分点，农村贫困人口可减少 0.8%。据国家经济发展计划，今后五年。中国经济预计年增长 7% 经济的稳步增长将扩大劳动力需求，有利于贫困地区劳动力的就业，从而改善人民的生活水平。同时，随着综合国力的不断增强，国家可以投入更多的力量促进贫困地区开发建设，为贫困地区发展提供坚实的物质基础根据国家的扶贫政策，武汉市委、市政府高度重视，从全市 155 个单位抽调了 338 名干部。组成了 18 个工作队、80 个工作组，驻进黄陂、新洲、江夏、蔡甸等区相对贫困的 80 个村。在帮助驻点的村大力调整农业结构，推广农业科技成果。使当地的经济和社会等各项事业有了明显进步工作队根据徐古蘑菇是新洲区创"楚天第一"的产业，打破帮扶村之间的界限，以"特色、规模、品牌、市场"等环节为重点。在去年投资 200 多万元帮助镇建菌种厂和盐水菇加工厂的基础上，今年又筹资 100 多万元兴建冻干蘑菇加工生产线，形成生产、加工、销售一条龙、以农产品加工企业的发展促进驻地农业结构调整，有龙头企业的带动，农民发展蘑菇生产的积极性高涨，种植面积由上年的 400 万平方尺（1 平方尺 ≈ 0.1 平方米。全书同）增加到 1 000 万平方尺，仅 8 个工作组帮助驻村建大棚 250 万平方尺，增加农民收入 500 万元以徐古和潘塘两镇为主，建立了双孢蘑菇生产基地。到 2006 年，产量达到 20 万吨，新洲食用菌生产的年产值跃上了亿元的新台阶。

四、结语

农业科技成果的直接受体主要是农户，现阶段农户的科学文化素质还不高，成为制约农业科技成果转化的一个因素，短时间难有较大改观。因此，必须强化农业科技成果转化工作。从机构设置、队伍建设到工作职能都予以充分重视。

参考文献

[1] 徐国彬. 日本农业体系对中国江苏现代农业发展的启示 [J]. 世界农业, 2009 (7).

[2] 曹锦清. "三农"研究的立场 [J]. "三农"中国, 2004 (2).

[3] 刘东. 我国新型农村科技服务发展路径分析 [J]. 中国科技论坛, 2007 (8).

[4] 韩小平. 农业科技成果推广转化中的难点与对策 [J]. 科技成果纵横, 2001 (1).

武汉市农业科技成果推广和转移现状与思考

武汉市农村技术开发中心

韩小平 廖建华 孟雄伟

摘 要 在分析武汉市在农业科技成果推广和农业技术转移现状的基础上,对武汉市农业科技成果推广和农业技术转移现状的基本特征进行了评价,并提出了有针对性的发展思路。

关键词 农业科技推广;农业技术转移

本文在分析武汉市农业科技成果推广和农业技术转移现状的基础上,对武汉市农业科技成果推广和农业技术转移现状的基本特征进行了评价,并提出了有针对性的发展思路。

一、武汉市农业科技成果推广和农业技术转移现状

(一) 农业科技成果推广

对武汉市登记的农业科技成果 87 项进行分析,其中,蔬菜 21 项,水产 13 项,畜禽 14 项,林果 13 项,粮棉油及其他 24 项,农机 2 项。各级政府部门高度重视农业科技成果转化工作,共计投入资金 1.64 亿元,新增收入 35.47 亿元,新增利润 8.32 亿元。武汉市蔬菜行业科技成果 21 项,占总项数 24.1%,投入资金 448.2 万元,总投入 2.72%;新增收入 48 114 万元,占总收入 13.56%;新增利润 23 686 万元,占总利润 28.43%。水产行业科技成果 13 项,占总项 14.9%;投入资金 3 271 万元,占总投入 19.85%;新增收入 18 650 万元,占总收入 5.25%;新增利润 8 974 万元,占总利润 10.77%。畜禽行业科技成果 14 项,占总项 16%;投入资金 6 593 万元,占总项 39.4%;新增收入 11 793 万元,占总项 3.32%;新增利润 1 444

万元，占总项 1.73%。林果行业科技成果 13 项，占总项 14.9%；投入资金 795 万元，占总项 4.82%；新增收入 4 280 万元，占总项 1.2%；新增利润 2 541 万元，占总项 3.05%。粮棉油及其他行业科技成果 24 项，占总项 27.5%；投入资金 5 325.6 万元，占总项 32.31%；新增收入 274 285 万元，占总项 77.4%；新增利润 47 239 万元，占总项 56.71%。

（二）农业技术转移

天津市黄瓜研究所研制的"津美1号"黄瓜新品种寻求武汉地区推与武汉市农业科技成果推广办公室鉴定一份合作推广协议，笔者在江夏区和东西湖区分别选点示范推广，并纳入武汉市科委成果推广计划，两年示范试种面积 18 亩，平均亩产达 5 500 千克以上，而且商品性好，瓜条直，刺少，色泽亮绿，腔小肉厚；用药少，农药残留少，市场潜力大。主要收获如下：一是由单纯重视技术成果的先进性，提高到既重视技术成果的先进性，又重视技术成果的市场性，坚持试验、示范、推广培训一起抓，有利于成果尽快转化为生产力，不断提高武汉市农业生产的经济效益。二是开展外向型黄瓜新品种—津美1号示范推广工作，合理地利用了"农业科技成果推广办公室"的工作职能，为后续的项目推广提供了新的工作思路，即利用"协议"的方式接受推广委托，安排试验、示范，逐步扩大推广面积，促进农业科技成果快速转化。三是示范基地的建立，促进了社会化的服务体系形成，为武汉市农业科技成果向区域化、规模经营方向发展提供了"以产品为核心"的服务模式。

二、武汉市农业科技成果推广和农业技术转移的基本特征

（一）武汉市农业科技创新资源优势明显，技术输出源头充沛

以华中农业科技大学为核心，农业科研院所为骨干的技术储备十分宝贵，作为技术输出的源头，能够不断地为在汉的农业科技企业提供形成农业产业化的项目。并能够为企业持续发展提供优质服务。

（二）众多农业企业，技术接收库容量大

武汉市现有农业龙头企业 16 家，农业重点企业 108 家，正在成长的农业企业 400 余家。

（三）农业创新投入不断增加

为农业企业做大做强提供了经费支撑。2 月 6 日，武汉市"农业科技促进年"科技兴农系列活动启动仪式在江夏区隆重举行。市科技局在市委市政府的安排部署下，制定了推进高新技术产业发展的"339"行动计划，以提高支撑能力和引领能力为核心，加快现代农业发展，围绕武汉农业科技优势产业基础，不断创新产学研合作机制，大力促进自主创新，努力构建农业科技创新示范体系，带动农业和农村经济的跨越式发展。

三、加快武汉市农业科技成果推广和农业技术转移发展的思考

（一）建立区域一体的武汉市农业技术推广和农业技术转移要素市场体系

这是武汉市农业产业发展的基础。要以提高武汉武汉市农业技术推广和农业技术转移要素市场资源利用率和市场自由流动合理配置为着力点，在现有市场服务功能前提下，进一步健全服务功能，基本完善信息沟通、交易规则等功能；要素市场规范制度配套，各类要素市场既要有各自法规体系，又要有统一市场准入制度，强化市场管理，制止违法经营和不正当竞争。

（二）实施"技术整合"战略

加快农业高新技术成果转化和用工业化生产的理念推进农业生产的步伐。这是武汉市农业科技成果推广和农业技术转移的关键。

结合具体项目，借助市场机制，组织有关的专家参与项目技术整合。在政府支持的高新技术研究项目中，重点支持技术整合类研究开发项目，从源头抓起，提升我市技术整合能力，促进农业高新技术成果快速转化和产业发展。

（三）培育完善的区域现代产业体系和区域创新体系

这是武汉市农业科技成果推广和农业技术转移发展的重点。加快高新技术产业，即"前瞻性产业"的发展，要形成科学的产业发展序列。

参考文献

［1］杨新美. 关于进一步发展我国食用菌事业的商讨. 中国食用菌. 1991 (1)：2.

［2］曹锦清. "三农" 研究的立场. "三农" 中国, 2004 (2)：86.

［3］韩小平. 农业科技成果推广转化中的难点与对策. 科技成果纵横, 2001 (1)：30.

武汉市农业科技成果转化模式研究

武汉市农村技术开发中心

韩小平 胡华涛 周 弢 李少良 石 军

摘 要 以武汉市农业科技成果转化的现状为例，运用"几种服务模式"，促进了农业科技成果转化，取得了显著的经济效益和社会效益。

关键词 农业；科技成果；转化模式

农业科技成果转化的核心是农民增收。农民增收是农村工作的中心任务，也是检验农业科技成果实效性的主要标准，只有把农民增收作为农业科技成果转化的起止点，在农业科技成果转化过程中才能不断地克服凸显的难点，达到成果拥有方和应用方增加效益，最终实现互助双赢。

一、农业科技成果转化的概念和过程

农业科技成果推广应用过程，就是农业科技成果的转化。要经历中间试验、生产示范、组织推广和大面积应用 4 个主要阶段。

（一）中间试验

农业中间试验，是在一定规模的实验条件下进行小试或放大试验，模拟全流程中几个关键部分以期获得大规模生产所需的设计数据，以及对可能出现的放大效应经过小试成功后，已有科学成果，但尚未取得必要的经济技术数据，不能在生产中直接采用，必须建立一定装置试验场地，进行扩大规模试验或较长期试验、验证和改进。

动物、植物、微生物转基因的安全性评价的中间试验分为：环境释放、生产性试验和申请安全证书 4 个阶段。申报中间试验的项目名称应包括基因名称、动物用转基因微生物及产品名称、试验所在省（市、自治区）名称和试验阶段名称四个部分。

（二）生产示范

经过中间试验后的品种或技术才能进入生产示范，这个过程有 4 个环节：①扩大种植面积；②加强技术指导；③强化示范带动；④加强农资保障。

（三）组织推广

组织推广是成熟或配套技术的放大生产活动，重点项目推广实施"绩效目标管理的转化模式"。如"武汉市农村星火科技示范村示范户体系建设"项目武汉市科技局立项后，列入市政府绩效目标管理，局以文件下发各区并成立了工作专班，还分别和各区主要负责人签订了"责任状"。星火科技示范户创建的主要任务是：以科技示范户能力建设为核心。以区域优势农产品为重点，以推广主导品种、主推技术和实施主体培训为关键措施，以创新农技推广手段与机制为突破口，通过政府组织推动，建立农技人员直接到户、良种良法直接到田、技术要领直接到人的科技成果快速转化长效机制。不断提升武汉市主要农产品综合生产能力和劳动者素质。

（四）大面积应用

这是农业科技成果转化的成熟阶段，科技成果已经成为生产力如新洲区水产技术服务中心推广的"黄颡鱼健康高效养殖技术"使鱼种成活率由原来的 64% 提高到80% 以上，发病率下降到 10% 以下，黄颡鱼池塘主养实现平均单产 490 千克/亩，最高单产达到 578 千克/亩，套养亩增黄颡鱼 15 千克，形成了完整的健康养殖模式，该项目于 2011 年获得武汉市科技进步三等奖。2010 年全区实现黄颡鱼主养面积 3 300亩，套养面积 5 000 亩，带动农户 410 户，年产黄颡鱼 1 700 吨，实现产值 4 800万元，创利 1 800 万元。

通过实施"食用菌菌棒工厂化生产关键技术研究及产业化开发"、"香菇反季节栽培技术研究与示范"、"金针菇智能化生产技术研究与应用"等科技项目，实现了菌棒废料循环再利用、鲜菇常年供应，大幅度提高了金针菇、杏鲍菇、巴西菇等珍稀品种的生产效率、生物转化率和产品品质，实现了食用菌智能化周年生产。天添食用菌科技有限公司建有日产 5 吨的杏孢菇智能化生产菇房，目前，已投产 1 400 元/吨，翌年可全部投产。申绿食品有限公司金针菇智能化生产菇房目前日产金针菇 5 吨，1.1 万~1.2 万元/吨。全部投产后可日产 15 吨，技术人员研究将菌棒废料循环再利用，把生产杏孢菇后的废料再利用生产猪肚菇，利用生产金针菇后的废料引导农民种平菇等，平菇种植后的废料用于还田。

二、农业科技成果转化服务模式

（一）推广高产高效的服务模式

武汉市江夏区加大高产高效模式推广力度、从实践中归纳了 7 种高产高效种植模式：春马铃薯—秋大白菜，该模式可亩获产值 7 500 元，亩纯收入 6 500 元；红菜薹—中稻，该模式亩产值 4 400 元，亩纯收入 4 000 元；秋马铃薯—春马铃薯—早稻，该模式亩产值 7 600 元，亩纯收入 5 600 元；蔸头—中稻，该模式亩产值 5 400 元，亩纯收入 4 500 元；雪里蕻— 西瓜—晚稻，该模式亩产值 6 000 元，亩纯收入 5 200 元；春莴苣—西瓜—晚稻，该模式亩产值 6 600 元，亩纯收入 5 700 元；油菜—西瓜—晚稻，该模式亩产值 4 360 元，亩纯收入 3 460 元。全区高产高效模式推广面积 16 万亩，平均亩产增值超过 4 000 元，亩增效超过 2 000 元以上。这些高产高效的种植模式，实现了生产增效、农民增收。这种形式有利于为农户提供及时方便的科技帮助，解决日常生产经营中的问题，但作为一种可持续增长的服务模式，尤其在我国，小、散、弱，规范化不够导致其服务的科学性有待提高。

（二）科技信息服务模式

主要是利用科技信息"户"联网的形式开展服务，一是整合存量资源，发挥现有资源价值；二是重新规划设计，建立投入及服务机制，实现农业信息化的有序长效。为此，推动建立"三位一体"的信息服务体系（公益化的社会服务体系，社会化的创业服务体系，多元化的科技服务体系），实现信息与人才、技术、资源的深度融合，全面提升武汉市农村公共服务的信息化水平和农业产业信息技术装备水平。通过抓典型、抓培训、抓项目、抓市场、建立利益共同体等方式为当地农民提供全方位、多层次的科技服务，探索出一条科技与农业携手的技术推广路径，已经取得了良好的社会效益和经济效益，得到了广大农民欢迎但对服务人员要求高，覆盖面和针对性还不能满足农民的要求。

（三）龙头企业科技服务模式

这种类型主要表现为"龙头企业基地＋农户"的形式龙头企业与技术推广部门联手，推动产业基地发展发挥龙头企业的带动作用。如高龙集团在汪集建有年加工能力 6 万吨的水产食品生产线（四大家鱼、小龙虾和斑点叉尾鱼等），新洲水产技术服务中心利用武汉高龙水产的龙头企业带动作用，与企业和区渔业专业合作社联手。采取

"企业＋专业合作社＋农户"的模式实行订单生产，渔业合作社负责养殖基地建设的相关工作，水产技术中心负责技术培训及指导，高龙负责回收产品进行深加工，实现多方合作共赢。2011年，全区养虾面积近万亩，渔业标准化养殖面积10余万亩。同时狠抓黄颡鱼、鳜鱼、铂鱼池塘标准化养殖技术和池塘网箱养鳝、80：20养殖技术模式的推广，今年全区实现了网箱养鳝面积51万平方米，推广名特池塘标准化养殖面积68 225亩，其中：推广黄颡鱼面积8 425亩；推广鳜鱼面积20 000亩；推广铂鱼面积4 800亩；80：20技术模式推广面积35 000亩，但其主要从产品销售出发服务能力有限，且各行业之间信息隔裂，有效性不足。

（四）官、产、学、研合作型科技服务模式

这种类型以农业科技专家大院为代表，它通过聘请一批科技专家、建成一个科技培训基地、孵化一批农业科技企业，实现科技与农户的有效对接，把科技直接导入农村，为农业发展和农民增收注入活力，如新洲区宝强种禽养殖专业合作社与华中农业大学合作开展的"武新大别山鸡新品系选育"项目，选育出的良种蛋鸡可利用快慢羽鉴别雌雄，能快速提高产蛋性能，商品代是地方鸡羽色，与原本地土鸡羽色一样，淘汰鸡（可用于煨汤）市场看好，养鸡综合效益提高宝强合作社现有种鸡5万套，每年可向合作社社员及其社会提供鸡苗600万只。

旧街腾云山生态白茶有限公司从白茶原产地安吉引进白茶新品种，进行白茶新品系筛选，培育适宜于新洲乃至武汉地区发展的白茶新品，进行白茶高产栽培模式研究，探索一整套白茶系列品种丰产栽培技术，并注册"旧街白茶"品牌，同时从白茶原产地安吉白茶母树上采集枝条，在公司苗圃进行苗木繁育，不仅加快白茶基地建设，而且提高造林成活率以"公司＋专业合作社＋基地＋农户"的模式，带动石咀白茶专业合作社和茗茶盟茶叶专业合作社吸纳茶叶种植户115户，白茶种植面积3 500多亩。计划近3年内每年新增旧街白茶面积2 000亩，使旧街白茶面积达到1万亩。

但农业科技专家大院模式还处于初级阶段，没有形成规模化、规范化，带动作用还不够突出，还存在着许多不完善之处，需要深入发展。

（五）示范带动式的科技服务模式

农村科技服务的事实证明，典型示范、以点带面，是引导农民更新观念、勇于实践、支农奔小康的行之有效的途径农民作为风险承担者，力图规避一切风险。这时，需要弘扬科学精神、传播科学思想、普及科学知识、推广科技成果，并充分发挥科技示范基地、示范村、示范户的带动作用，用农民看得见、摸得着、学得会、用得上的典型事实辐射带动更多的农民依靠科学技术调整农业结构，为实现全面建设小康社会

的目标作出了更大的贡献。这是最易为农民接受的方式，有利于合作社等新的组织形式产生。但影响扩散较慢，具有自发性和松散性，需要大力宣传引导。

三、农业科技成果转化下步思考

（一）问题结点

科研成果的转化问题，是一个系统的制度创新问题，关键在于确立正确的创新服务模式。

（二）解决路径

1. 以前的科研成果转化之所以会出现问题，是因为没有打破科研、推广、经营相互脱节的旧有模式。

2. 为了突破我国科研创新过程中的成果转化瓶颈，要进行成果转化的服务模式创新。从而为农业科技成果转化提供一套自力更生、切实可行的组织技术路线与适合本地区农业生产发展的创新模式。

四、结语

农业科技成果的直接受体主要是农户，受教育程度和接收新信息的影响，成为制约农业科技成果转化的一个因素，短时间难有较大改观农业科技成果的给体主要是大专院所，有的研究成果与生产结合不够，需要不断改进。因此，农业科技成果转化工作，从机构设置、配套经费到工作职能都应予以充分重视。

参考文献

[1] 曹锦清. "三农"研究的立场 [J]. "三农"中国，2004（2）.

[2] 高启杰. 农业推广模式研究 [M]. 北京：北京农业大学出版社，1994.

[3] 刘东. 我国新型农村科技服务发展路径分析 [J]. 中国科技论坛，2007（8）.

[4] 韩小平. 农业科技成果推广转化中的难点与对策 [J]. 科技成果纵横，2001（1）.

武汉市农业科技成果资源体系
建设的现状及思考

武汉市农村技术开发中心

韩小平　杨　侦　陆青梅　张建华

摘　要　根据武汉市农业科技成果资源的现状，分析了农业科技成果资源体系建设存在的问题，提出了优化农业科技成果资源体系建设的对策措施。

关键词　科技资源；体系建设；思考

一、武汉市农业科技成果资源的现状

（一）武汉市农业科技产业化示范基地

依托农业龙头企业挂牌成立的武汉市农业科技产业化示范基地有 16 家，注册资金在 2 000 万元以上。科技产业化示范基地各具特色，如武汉市种苗科技产业化示范基地，主要从事各类蔬菜、花卉种苗、中高档盆花的生产，温室的设计建造和园艺资材的经营，为武汉市提供了近亿株各类优质种苗，成为武汉市农业产业化重点龙头企业。武汉市河蟹科技产业化示范基地注册资本 5 336.67 万元，资产总值 9 610.88 万元，资产净值 4 253.28 万元，经营湖泊水面 27.7 万亩，其中以梁子湖水系为主的天然湖泊 26.8 万亩，以生产"梁子"牌"梁子湖大河蟹"、"梁子湖武昌鱼"、"梁子湖鳜鱼"为主导产品。"梁子湖大河蟹"等水产品出口到韩、日、新加坡及港、澳、台地区，年创汇 160 万美元。

（二）武汉市农业科技专家大院

依托在汉的农业大专院所挂牌成立的武汉市农业科技专家大院有 18 家，通过与农业大专院所建立产、学、研基地,将传统农业提升为农业高新技术企业,逐步形成农业龙头企业。

如武汉市池塘微生态生物调节农业科技专家大院(武汉施瑞福生物技术有限公司),位于武汉东湖高新技术开发区庙山格瑞生物工程园,是一家以微生物资源开发和利用、农用生物肥料、兽药及饲料添加剂为经营主业的科技型企业。采用"专家 + 公司 + 基地 + 农户"的推广模式,使混养池塘鱼病发病率减少50% ~ 70%,鱼病死亡率控制在5%以内,降低肥料系数和饵料系数10% ~ 15%,提高产量20% ~ 30%,每亩直接增收和间接增收500 ~ 1 000元。已形成了"多福可乐"微生物制剂、"满水活"生物肥、"施瑞福"鱼药、"满可乐"饲料四大品牌系列产品。

(三) 武汉市专业协会或专业合作社

武汉市现有从事农业产品开发的科技型专业协会或专业合作社32家,其特点是统一协调,各业为主,实现一业兴百业旺的局面位于武汉市东大门的武汉市新洲区食用菌协会,现有会员1 958人。自1978年利用棉籽壳种植平菇至今,经历了"起步、发展、成熟"的发展道路,获得了"平菇之乡"和"蘑菇之镇"的殊荣,取得了食用菌产量连续30年武汉市第一的骄人业绩。协会通过抓产品质量、基地建设、栽培管理、技术培训和协调服务,有力地推动了全区食用菌产业的上档升级,取得了突破性发展:双孢蘑菇生产从2个街镇发展到12个街镇;科技示范园区从1个发展到10个;从事蘑菇生产的农户从1 500余户发展到5 000多户;加工企业从3个发展到12多个。食用菌生产品种由单一的双孢蘑菇发展到白灵菇、草菇、杏鲍菇、巴西蘑菇、香菇等多个品种,新洲区食用菌年产值近2亿元。目前,食用菌生产已成为新洲区一大支柱产业促进了新洲区食用菌产业的壮大发展。

(四) 武汉市主推农业科技成果100项

针对武汉市农业产业发展现状,组织部分农业专家编写并推送"武汉市农业科技新品种、新技术、新模式资料汇编"。其中,新品种40项、新技术52项、新模式8项,共计100项使用情况按"三新"划分,应用新品种38项,占已推送95%;新技术42项,占87.6%;新模式6项,占75%。按行业划分水产业30项,蔬菜业37项,林瓜果业13项,畜牧业12项,粮棉油业8项。

推送华中农业大学水产学院"黄颡鱼人工繁殖及苗种培育技术"项目,主要包括黄颡鱼池塘养殖模式、黄颡鱼网箱养殖技术、黄颡鱼绿色食品养殖技术的研究,并在苗种规模化繁殖技术、大规格鱼种培育技术、池塘食用鱼养殖技术、网箱养殖技术、鱼病防治技术等方面取得一定的成效,已探索出一套黄颡鱼繁育、大规格苗种培育、成鱼饲养及相应健康养殖配套技术、成鱼试验示范养殖亩产达到 600 千克以上。

示范案例 1 新洲区阳逻街月明村。月明村是阳逻街渔业大村，以发展精养鱼池为主，全村水田面积 2 240 亩，旱地面积 360 亩，可养殖水面 2 900 亩，全村土地流转面积 500 亩，以养殖黄颡鱼及网箱养鳝为主，2012 年养殖业产值 2 800 万元，种植业产值 500 万元，农业总产值 3 300 万元，人均纯收入 17 100 元。

示范案例 2 黄陂区武湖街五七村，村主导产业是水产养殖，水面 3 000 亩，其中，精养鱼池 2 758 亩，总产值 2 206.4 万元从事水产养殖 153 户，304 人，人均年收入 3 万元。95% 的养殖户都在投饵机、增氧机等水产科技设施，提高了劳动效率。利用高效主养模式平均亩产量 434.8 千克、利润 0.84 万元；其中，冬春上市模式平均亩产量 508.6 千克，利润 0.56 万元；夏季上市模式平均亩产量 644.3 千克，利润 0.69 万元。

二、武汉市农业科技成果资源体系建设存在的问题

（一）企业研发力量薄弱

示范基地、专家大院、专业协会和农村合作社，在传统农业向现代农业转变中促进了生产力的发展，推动了农业整体结构调整，农业生产收入不断创出新高，历史作用和地位是有目共睹的。但是，在现代农业向现代都市农业发展中，表现出宏观设计能力不足，新产品竞争的驱动力较差，其根本原因是企业研发力量薄弱，研发经费投入不足，没有按梯形结构排列主干产品。重眼前利益而忽略长远效益；重销售收入而忽略研发效益；重形象思维而忽略逻辑思维；重宣传人士而忽略科研人才；面对激烈的市场竞争而显得束手无策。

（二）管理水平存在欠缺

大多数管理者没有接受过系统的专业培训，只是靠简单模仿或以往经验；或偶尔看看成型的管理理论，知其文意而不知寓意，知其然而不知所以然一旦遇到新情况，不能及时处理，找不到解决问题的方法，造成损失。

（三）产品出口创汇率不高

缺乏产品后加工能力，附加值不高同时也没有对农产品进行更深层次的开发利用，形成了卖原料而不是卖产品。质量管理不足，走出国门的产品，出口创汇率逐步下滑。

三、优化农业科技成果资源体系建设的对策

虽然武汉市农产品生产走在全国的前列，但要保持农产品产业化发展的良好势头，让"武汉牌"走向全国乃至世界，进一步参与国内外市场的交换和竞争，应处理好以下几方面的关系。

（一）产品质量与竞争力的关系

质量的优劣关系到农产品生产的兴衰，品质好，竞争力就强。要增加武汉市农产品生产的竞争力必须从以下4个方面入手。①走院企联手之路，充分利用武汉市农业科技成果资源提高农产品生产的科技含量；②开发农产品快餐食品，以满足不同层次消费者的需要；③规范农产品生产标准，把好农产品质量关；④讲究包装，增加商品的耐储能力。

（二）建基地与创汇的关系

从近几年武汉市农产品的生产情况看，基地规模不大，仍处在定单收购阶段。如新洲食用菌，年产量达3万余吨，市内销量占80%以上，全国流通仅占15%，外销量不足5%。要积极争取出口权限，逐步把新洲办成"深圳式"的菇类市场，做好既建基地，又创外汇的大文章。

（三）经营决策与信息的关系

利用武汉农村综合信息服务平台和建设基层信息服务示范站点，促使武汉食用菌产业工厂化、蔬菜种植技术诊断远程化、革命老区农业生产产业化，建设武汉市农村特色产业信息化应用试点如武汉市双孢菇和香菇属外向型经济产品，如果信息不灵，易造成直接经济损失。

（四）农产品生产与生态环境的关系

养殖业：采用"沼气＋土地消纳"或"沼气＋环保设施"模式。主要对生猪、奶牛、肉牛养殖小区配套建设沼气治污工程，将家畜粪尿转化为沼液、沼渣，利用小区周边配套建设的林果、瓜菜基地进行消纳。或者配套建设污水处理等环保设施，实现达标排放。

渔业：推广健康养殖，确保水质不被污染。

种植业：解决间作矛盾和种地与养地相结合的办法两者紧密结合，确保种植业生

产成为"经济、社会、生态"三大效益同步发展的绿色产业。

四、结语

要使农业科技成果资源在使用、再创造过程中不断积累扩容，需要研究体系建设。体系建设完备是农业科技成果资源不断积累扩容的保证。

参考文献

［1］朱希刚．农业科技成果产业化的运行机制［J］.农业技术经济，2000（4）.

［2］张雨．农业科技成果转化运行机制［M］.北京：中国农业科技出版社，2005.

［3］付少平．对农业技术推广有效途径的几点认识［J］.科技与管理，2003（4）.

［4］李维生．构建我国多元化农业技术推广体系研究［M］.北京：中国农业科学技术出版社，2007.

不断创新成果转化模式　积极探索农业科技进村入户的长效机制

——对农业科研单位成果转化难问题的思考

武汉市农科院农科所

周争明

摘　要　如何有效解决农业科技成果转化中的矛盾和问题，是实现科教兴国战略，促进农业增效、农民增收、农村经济发展的一个重要课题。本文从科研立项、集成技术、经费、人才、机制、知识产权 6 方面入手，对农业科技成果转化难问题做了具体分析，并围绕加大科技体制改革、创新成果转化模式 7 方面进行了探讨。

关键词　科研单位；科技成果；转化模式；长效机制

科学技术是第一生产力，科技成果转化是提高生产力的根本途径。农业部科技教育司副司长杨雄年同志在 2010 年农业部举办的一次新闻发布会上曾明确表示：我国农业科技成果转化率低，"最后一公里"的问题非常突出，农业科技成果转化难已经成为制约农民增收的一大"瓶颈"。据农业部科技司统计，我国每年有 6 000 ~ 7 000 项农业科技成果，但转化为现实生产力的只有30% ~ 40%，与发达国家的70% ~ 80% 相差甚远。为此，十七届三中全会特别提出：要加强农业技术推广普及，加快农业科技成果转化。"既要出成果，也要出效益"已经成为各级政府和广大农民赋予农业科研单位的一项历史使命。

现结合武汉市农科院农科所近年来的"三农"服务实践与科技成果转化情况，对农业科技成果转化难的问题探讨如下。

一、当前我所科技成果转化的基本情况与基层农民的期盼

农业科研单位是农业科技成果的创造者和提供者，农业科技成果被转化的高低，一方面取决于成果本身质量的好坏，另一方面与市场的认同与接受有着密切的关系。

一项成果即使水平、质量再高，但是如果不被市场和广大农民所接纳，也只能是资源浪费。随着计划经济向市场经济的转变，过去那种政府出课题，科技人员给答卷的时代早已一去不返。然而，由于农业科技成果转化是一项极为复杂的系统工程，受种种因素的制约和影响，目前，还没有一套较为系统、较为成熟的成果转化模式。

武汉市农科所是武汉市农科院下属的一家县处级农业科研单位。20 世纪 90 年代中期，随着传统农业向现代农业的转变，该所进行了科研方向调整。近年来，该所面向武汉地区的农村、农业经济发展进行科研立项，在西甜瓜育种及配套栽培技术等方面取得了一系列成果，也转化了一批成果，但总的说来，成果转化应用率不高，市场占有率不大（下表）。

近 3 年来农科所科研成果的转化与市场占有情况表

年度 \ 项目	成果（项）	转化应用成果（项）	科技成果转化率（%）	本地市场占有率（%）
2008 年	4	1	25	15
2009 年	5	2	40	20
2010 年	6	3	50	30
合计	15	6		

广大农民是农业科技成果的接受者，近年来，随着国家科技兴农战略方针的实施，我国农业实现了从传统农业向现代农业的大跨越。在这个大跨越的过程中，广大农民一方面亲身感受到了农业科技所带来的作用和好处，同时，也对农业科技成果产生了更为强烈的要求。如农科所在"万名干部进万村入万户"活动中对江夏区金口街余岭村的 32 户农户进行问卷调查，问卷中与农业科技有关的选择题有 3 个。

题 1：在增收方面，您最希望政府做什么？共有 30 户农户选择了"提供科学技术"的答案，占调查人数的 93.8%。

题 2：如果组织农民技能培训，您最希望参加的培训是什么？有 29 户农户选择了"种养加工技术"的答案，占调查人数的 90.6%。

题 3：在生产方面，您最担忧的问题是什么？共有 31 户农户选择了"缺乏运用科学技术"的答案，占调查人数的 96.9%。由此可见，广大基层农民对农业科研单位和科技人员寄予了热切的厚望与期待。

二、影响和制约农业科技成果转化的几个突出问题

农业科技成果转化具有长期性、市场性、综合性、政策性等特点，涉及诸多部门

和环节，存在很多难点。经过农科所多年的探索和实践表明：当前，影响和制约农业科技成果转化的突出问题主要表现在以下6方面。

（一）科研立项与市场需求脱节

突出表现在科研立项不是面向市场和广大农村，而是面向政府和上级，政府要求干什么就做什么。科研人员只管研究，不管应用，只讲成果，不讲效益。从而导致科研选题与生产实际脱节。近年来，农科所调整了科研方向，这种现象有所转变，但是在一定范围内依然存在。

（二）缺乏知名品牌与集成技术

一项成果要得到广大农民和市场的认可，必须有过硬的质量和信誉。近年来，农科所在西甜瓜育种方面虽然取得一些成果，但是，真正在市场上站得住脚的不多，知名品牌不多。其主要原因是成果成熟度不够，实用性不强。此外，在众多的成果中，专项成果多，综合配套的成果少，而农业是一项综合性很强的产业，它需要多层次、多方面的技术集成。因此，那些只能单一增加数量，不能提高品质、效益的成果要转化，肯定是得不到农民和市场认可的。

（三）科技成果转化经费不足

"重学术、轻市场，重研究、轻应用，重成果、轻效益"，这是我国大部分科研院所普遍存在的一个通病。据国外有关资料介绍，发达国家一项高新技术成果从科技研究、中试到产品商品化三个环节的投资比例为1∶10∶100，而我国的投入比例为1∶0.5∶100，中试开发投入只有研究经费的一半，很多的科技成果滞留在实验室或档案室当中，不能及时地转化为生产力。近年来，我国虽然在攻关计划成果应用配套经费方面已初步形成多元化的格局，但经费不足仍然是制约成果应用的瓶颈问题。如武汉市农科院下属的6个专业研究所都没有一块专项的成果转化费用，中试开发经费少得可怜。

（四）成果转化机制不协调

目前，武汉市农科院系统内的科研成果大多由本单位创办（合办）的企业（实体）进行经营和转化，单位内部运行机制存在着事企不分，责、权、利不明的状况，不利于成果的转化。再加上院系统内科技人员的职称评聘、政策待遇、创新岗位等大都与成果挂钩，是以成果、论文单纯的数量为指标，一些战斗在成果转化一线的人员由于成果、论文较少，职称长年上不去，从而一定程度上也制约了科技人员从事成果转化的积极性。

（五）缺乏成果转化高端人才

20 世纪 90 年代中期，农科所就提出了"科研立所、经济强所"的建所方向，近年来，该所也非常注重科研、服务和管理等 3 支队伍的建设，但是，由于科技成果转化有着市场性、综合性、政策性等特点，所涵盖的内容非常广泛，需要具备一定科技水平的复合型人才才能完成。然而，在现实生活中，从事科技成果转化的大多是学历相对较低、综合能力相对较差，不被单位看好的人员。

（六）农业科技成果的知识产权保护问题

由于农业科研单位自身所具有的公益性的特点，再加上国家政策不配套，目前，我院系统内大多没有在知识产权上对某一成果进行硬性界定，尽管我们的成果创造了大量的社会效益，但是作为成果的研制者——单位和个人得到的实惠却不多。因此，科研单位和个人大都不愿意向社会提供自己的科研成果。而种子部门则可以占据国家经营政策的优势，对成果进行开发，从中获得效益。这种现象既不利于成果创名牌、树品牌，也不利于鼓励科研人员发明创造，影响了农业科技成果的转化和应用。

三、加快科技成果转化的对策与建议

（一）调整科研方向，突出重点学科，合理地进行科研定位

作为市级农业科研单位，应在全省统一规划指导下，以应用研究、开发研究和指导全市的农业技术推广应用为主，把自主研发与引进、消化吸收相结合，突出具有地区性特色和科研优势的学科，重点解决本地区全面性、关键性的重大科技问题，逐步形成一批具有一定区域特色和科技优势的科研成果。如农科所的西甜瓜种苗学科、植物营养（土壤肥料）学科等，经过数年的发展，目前，在湖北省乃至华中地区已小有名气。2010 年，该所被湖北省发改委授予为省级种子种苗繁育工程技术中心。

（二）突出科研立项、验收改革

有效解决成果与市场"两张皮"的问题农业科研立项选题要以市场为导向，从"研究—应用—市场"模式向"市场—研究—应用"模式转变，用市场来指导应用研究。如当前西瓜生产中最为突出的育种与重茬问题，这些都是农科所立项选题的重点内容。此外，在立项选题时，要协调好产中、产前与产后研究之间的关系，既要突出

产中研究，又要兼顾产前研究和产后研究的延伸。如西瓜的育苗与深加工的问题，我们都要重点考虑。同时，要改现行的专家鉴定验收制度为市场验收制度，较好地解决成果与市场"两张皮"的问题。

（三）加大对农业科研成果转化经费的投入

以科研单位为主体转化科技成果，使科技成果产销直接见面，减少了中间环节，降低了费用。同时，在转化过程中，可以根据市场的实际需求，不断完善科技成果和应用方法。在成果的转化过程中，科研单位一方面要配套成果转化专项资金，用于成果的中试与开发；同时，要积极争取各级政府、企业及民间社会组织的支持，要创造条件，促进成果转化，获取最大利润，用所获得的利润来更好地进行研发工作。

（四）健全农业科技成果转化的激励机制

一是改革职称评聘制度。长期以来，我院科技人员的职称评聘主要依据学历高低、成果、论文的多少来衡量，而在成果转化中的成绩很难体现。要促进农业科技成果转化，必须完善相应的职称评聘制度，较好解决长期从事农业科技成果转化人员因成果论文少、出成果难而导致的职称竞升问题，让成果转化人员在职称方面不吃亏。二是改革分配制度。要坚持按劳取酬、业绩优先的原则，让在科技成果转化方面做出成绩的人员在物质方面不吃亏。三是注重对科技成果转化人员的培养与精神奖励，让他们在政治荣誉上不吃亏。

（五）完善知识产权保护制度

加强对农业知识产权的保护，既可以依法规范科研开发活动，同时也有利于解决纠纷和利益分配的问题。建议相关部门一方面要加强农业知识产权的保护，让科研单位和个人都能得到合理的利益分配。另一方面对于公益性很强的成果，国家要拿出专项资金对科研单位或个人予以补贴，让他们积极主动地转让出自己的成果。

（六）"稳住一头、放开一片"，建立一支高素质的科技服务队伍

加快科技成果转化，人才是关键。由于科研单位自身的原因，过去，我们院一级部门只注重了行政管理人员的培养，所一级单位侧重于科学研究人员的选拔，经营服务人员的培养没有得到应有的重视，科研、服务、管理 3 支队伍"三足"不能鼎立。因此，要加快科技成果的转化力度，首先要加快成果转化人才的培养与选拔，在保持一批精干的科研队伍的前提下，打破现有的职称评聘及利益分配等制度，鼓励一批有志于成果转化的同志脱颖而出。

（七）不断创新成果的转化模式，积极探索农业科技成果进村入户的长效机制

1. 示范带动模式

"村看村、户看户、种田看大户"。近年来，农科所在服务"三农"的工作实践中，采取所内研究、所外示范的技术路线，总结出了一套"以项目为依托，以基地为平台，以示范户为纽带"的成果转化模式，先后在江夏土地堂、黄陂武湖、新洲和平、蔡甸侏儒、汉南乌金等地建立各类"三新"技术示范基地 25 个，示范户 1 000 余户，累计推广面积 10 多万亩。

2. 结对共建模式

农业科研单位以院、区（局）对接、所、乡（镇、场、街）对接、党（团）支部对接、科技人员与农户对接等方式，深入农村基层，建立科技服务站，签订对接服务协议，面对面地向农民提供科技服务。真正做到科技人员直接到户、良种良法直接到田、技术要领直接到人。

3. 交流挂职模式

即科研单位通过选派科技副县长、副乡长、副村长的形式，让科技人员到农村基层交流挂职，传播我们的成果，反馈农民的要求。

4. 技术入股、技术转让、技术联营模式

鼓励科研单位、团队及科技人员以物化的技术成果与农民合作，以技术转让、技术入股、技术联营等多种形式来转化我们的成果。如农科所在海南的中试基地就是利用技术联营的形式，每年有了很好的收成。该所的李爱成同志每年与蔡甸区的瓜农进行技术合作，不仅自己受了益，在当地也赢得了较高的声誉。

5. 培训教育模式

农民是农业科技成果转化的实施主体，其文化程度和科技水平的高低，决定了农业科技成果被农民接受和应用的程度。对农民的技术培训可以采取灵活多样的形式，如农闲时通过函授学校、夜校授课，农忙时请农业专家田间现场讲座，还可以通过电视、广播及农村远程教育网络等媒体进行传播，培养造就一批有知识、懂技术、善经营的新型的农民。

6. 农业科技园展示模式

由于农业具有分散和受地域差异影响的特点，农业科技成果很难直接进入生产规模小、经营分散的众多农户之中，客观上需要一个科技成果中试基地，把高新技术向农民进行宣传和传播。如黄陂武湖的现代生态农业园、田田生态农业园、台湾农民创业园等都是农业科技展示园。科研单位可以结合自身的科研成果特色，建立农业科技

园区，使之成为成果中试展示的窗口和平台。

7. "官、学、研、推"结合模式

农业科技成果转化涉及到诸多部门和环节的协调配合。在现阶段，我国的农业教育、农业科研和农业推广3个部门在促进农业科技成果转化中各有优势，客观上存在着相互依存、相互促进的关系。但是由于历史的原因，目前，我国的农业教育、科研、推广3个部门之间在管理体制和运行机制上仍然是条块分割，各自为政，难以形成整体合力和优势。农科所通过多年的服务"三农"实践证明，良好的政策和制度环境是促进科技成果转化的一个决定性因素，只有在政府的指导与支持下，学、研、推多部门相结合，我们的成果才能得到更好的转化应用。

8. 技术市场与中介媒体服务模式

技术市场与中介机构是连接科技成果供需双方的桥梁，通过成果交易会、技术交流会、报刊电台等媒体，向企业或农户广泛宣传介绍科技成果，便于双方的沟通。"酒好也怕巷子深。"技术市场与中介媒体是科技成果转化的催化剂。

参考文献

[1] 苏泽胜，等. 关于农业科技成果转化几个问题的思考 [J].中国农学通报，2003 (5).
[2] 李齐霞，等. 关于农业科技成果转化中问题的思考 [J].农业科技管理，2005 (5).
[3] 吕令华. 当前我国农业科技成果转化问题探析 [J].农业科技通讯，2009 (4).
[4] 邓积伟. 农业科技成果转化率低的原因及对策分析 [J].引进与咨询，2004 (9).
[5] 朱翠林，张保军. 浅析影响农业科技成果转化的因素及对策 [J].农业技术，2006 (4).

蔡甸区农业科技成果转化现状及对策

武汉市蔡甸区农业局

农业科技成果转化是推进科技进步、经济发展的重要工作，具有长周期性、复杂性、选择性特点。近几年，蔡甸区各部门在农业科技成果推广方面做了大量的工作，取得了一定成效，全区特色产业规模达到 55.4 万亩，蔬菜、莲藕（籽莲）、优质西甜瓜、紫甘薯等特色主导产业总规模达到 30 万亩；特色苗木、花卉、林果面积 7.4 万亩；小龙虾、黑尾近红鲌等名特养殖规模达 18 万亩；推进畜禽生态健康养殖，洪北万头猪场创国家畜禽养殖标准示范场达标，虫子鸡生态养殖家禽规模达 300 万只。在新的形势下，农业科技成果受经费、人员、体制、农民素质等因素的影响，农业科技成果推广还存在很多问题，还需要我们不断探索，开阔思路，丰富手段，创新方式，把农业科技成果推广工作提高到一个新的水平，达到"农业增效，农民增收"的目的。

一、工作特点

（一）新技术、新品种、新模式、新设施的推广应用

根据蔡甸区产业分布及特色，在广泛征集专家和广大技术人员的基础上，确定莲藕（籽莲）、蔬菜瓜果、水产、生猪 4 个主导产业同时兼顾其他品种的多样性，遴选主出导主导品，蔬菜（瓜果）：早春红玉、万福来、拿比特、早佳 8424 礼品西瓜、黑龙 1 号、紫红 1 号茄子、福椒、绿椒辣椒、蜜本南瓜、翡翠 2 号丝瓜、台湾大绿、绿秀苦瓜、云南绿杆藜蒿、绿宝石毛豆、太空 3 号籽莲、水产：河蟹、黄颡鱼、黄鳝、小龙虾；畜禽：杜长大种猪、伊莎蛋鸡、农大 3 号蛋鸡；主推技术：测土配方施肥技

术、专业化机防技术、莲藕病害虫综合防治技术、蔬菜标准化栽培技术、瓜蒿高效模式栽培、蔬菜病虫害绿色防控技术、两网一膜栽培技术、膜下灌溉技术、"猪—沼—菜"循环农业技术、蔬菜立体栽培技术、河蟹生态养殖技术、黄颡鱼无公害养殖、稻田寄养小龙虾、生猪标准化规模养殖技术）

（二）推进农业产业化进程

农业科技成果的推广应用，只有实现规模经营。近几年建设几十个高效农业科技示范基地，通过基地的推广应用，在全区树立示范样板，进一步带动、辐射周边农户共同投入到新技术、新品种的推广应用。以莲藕、西甜瓜、藜蒿、紫薯、快生菜、鲜食玉米为特色的基地 15 万亩，以河蟹、黄鳝、小龙虾为特色的基地 4 万亩，以翠冠梨、油桃、葡萄为特色的基地 1 万亩。

（三）以项目为导向，引导农业科技人员重视农业科技成果推广工作

由于受体制、机制等各方面原因的影响，只有通过农业科技计划项目的立项、实施等加大对成果推广项目的支持，引导农业科技人员投身于农业科技成果推广工作。通过基层体系建设推广项目、服务能力建设项目、科技经费项目及农业科技推广项目等调动农业科技人员的积极性。

二、存在问题

（一）农业科技经费投入偏少

由于农业科技成果转化有一定的难度、周转期较长、不少从事农业科研项目的单位不得不筹措资金。

（二）农民科技素质较低

农业科技成果转化的直接受益者是农民，大量的年轻人都不在农村，从事的也是非农业生产，留在农村的老龄人口很难接受新事物，都是按照传统的方式种植，这也成为成果转化的一大障碍。

（三）缺乏与相关部门的相互协调机制

大多农业科技工作者集中在农、林、水以及农业科研等部门单位，在对重大成果推广过程中，需要相关部门的相互支持配合。由于没有良好的协调机制，使得在推广

过程中形不成整体合力，各自力战，发挥不了集团作战的优势，因而，对农业科技成果推广同样产生较大的影响。

（四） 领导重视程度不够

在乡镇，大多数的农业科技人员身兼数职，农业推广体系面临"网破、线断、人散"的窘境。由于部分项目实施单位，只重立项前的争取，不管立项后的推广，在具体项目操作中，甚至出现移用项目经费的情况，使得原本有限的项目推广资金也难以发挥应有作用。

三、几点建议

（一） 建立健全导向机制

当前，农业科技成果转化工作面临的课题很多，各级政府要从长远考虑，及早制定农业科技成果推广的工作方向，为各有关部门的农业科技成果推广工作明确方向。

（二） 加大资金投入

成果转化需要一定的投入来支撑和保障，建立良好的投入机制是切实搞好农业科技成果转化的前提和基础。因此，要整合资源，集各方之力，包括科研单位、农户、金融以及社会其他成员，促使投入能筹而有向，聚而有量，集而有度，用而有序，管而有方，努力形成多元化、全方位的投入机制。

（三） 加强农民科技知识普及教育

定期或不定期下村培训、发放宣传册、政府部门起科技示范的作用，引导农民一步步接受新的方法新的思路。

（四） 建立健全协调机制

建立好组织协调机构，统筹解决成果转化过程中的各种问题，突出主线，集中精力，协调处理带方向性、根本性、全局性的问题，有的放矢地开展协调，要关注成果转化的全过程，发现问题主动微调，使得各个部位、各个步骤能够及时衔接，互为补充。

（五） 建立健全科技治理机制

抓好计划立项前的调查研究工作，同时，注重抓好事中、事后的跟踪指导、督促落实、总结验收工作。建立定期项目检查制度，对重点农业科技成果推广项目实施情况进行检查督促，有计划、有步骤推进计划项目实施。建立经费审计制度，每年对重点项目以及部分一般项目的经费支出使用情况进行审计，确保项目经费得到专款专用。建立项目年度验收制度，对于实施情况好，效果明显的项目和单位在下一年度的项目安排、资金划拨等方面予以继续支持；反之，则降低甚至取消下一年度项目及经费支持力度，以此来激励实施单位的积极性。

新洲区基层农技推广体系现状及建议

武汉市新洲区农业局

新洲是一个农业大区。多年来，在历届县（区）委、政府的高度重视下，在省、市业务部门的具体指导下，新洲区抓住中央和省、市重视农技服务体系建设的机遇，利用政策，争取支持，加强协调，建立机构，完善体系，搞好服务，全区曾建立了以区级农技推广机构为中心，以街镇农技推广机构为骨干的农技推广体系，为化解基层矛盾、推动农业发展、促进农民增收方面作出了较大贡献。2006 年全区推行了机构改革，区级农技推广体系实行聘用责任目标考核机制，农技人员由主管部门管理；街镇农技推广体系实行"以钱养事"委托服务新机制，农技人员成为社会人员，基层农技推广体系基本是"线段、网破、人散"。

一、基本情况

（一）机构及人员情况

2011 年全区农业系统共有种植业、畜牧兽医、水产、农机 4 个区级农技推广机构，区编办下达编制数为 160 人（其中，种植业 99 人，畜牧兽医 35 人，渔业 9 人，农机化 17 人），编制内人员数为 157 人（其中，种植业 99 人，畜牧兽医 35 人，渔业 8 人，农机化 15 人），实有人数为 157 人；共有种植业、畜牧兽医、水产、农机化 4 街镇农技推广机构，区下达公益性岗位数 259 个（其中，种植业 146 个，畜牧兽医 24 个，渔业 59 个，农机化 30 个），公益性上岗人员数 259 人（其中，种植业 146 个，畜牧兽医 24 个，渔业 59 个，农机化 30 个），实有人数 259 人。在区级农技推广机构编制内人员中，本科及以上学历有 33 人，大专学历有 67 人，中专学历有 57 人；在专业技术职称上，高级 42 人，中级 42 人，初级 31 人，初级以下 31 人；在年龄结构上，50 岁及以上人数有 37 人，36 ~ 49 岁人数有 99 人，35 岁及以下人数有 21 人；在性别上，男性人数有 124 人，女性人数有 33 人。在街镇农技推广机构公益性上岗人员中，本科及以上学历人数有 41 人，大专学历人数有 140 人，中专学历人数有 71 人，中专以下学历人数有 7 人；在专业技术职称上，高级 8 人，中级 77 人，初级 151 人，初级以下 18 人；在年龄结构上，50 岁及以上人数有 31 人，36 ~ 49 岁人数有 201 人，35 岁及以下人数有 27 人；在性别上，男性人数有 216 人，其中，55 岁及以上人数 14 人，女性人数有 43 人，其中，50 岁及以上人数 1 人。

(二) 运行机制及待遇情况

目前，新洲区种植业、畜牧兽医、水产、农机 4 个区级农技推广机构都有固定的办公场所及分析室和必备的仪器设备，但大多没有自身所属的试验示范基地和交通工具，只有区农广校有科技直通车；其人员工资按区级事业单位 2006 年套改标准由区财政统一拨付，人员实行聘用责任目标考核机制，工作经费根据各自的工作需要，每年申报财政专项预算，列入农业专项扶持资金，基本上 60% ~ 80% 能得到保证。街镇农技推广机构大多没有固定的办公场所，都是租用或在街道办事处（镇政府）办公，都没有自己的试验示范基地和交通工具，2006 年实行"以钱养事"委托服务新机制，农技人员成为社会人员，工资由省、市区"以钱养事"专项资金支出，农技人员人均工资只有 2.5 万元，与同级公务员相差 2 万元以上，且没有奖金和补贴，只有医保和基本养老保险，工作经费只在"以钱养事"专项资金中列入了人均不到 1 000 元的物化投入资金；2011 年全区街镇农技推广人员实行了岗位竞聘、服务合同目标管理新的考核办法。

二、存在的问题

一是农技体系不健全，体制不顺。特别是基层农技推广机构下放到街镇实行"以钱养事"后，区级农技推广机构基本上失去了对基层推广体系的掌控，基层农技人员成为社会人，街镇农技人员转行轮岗流失多，几乎占 60%，严重影响了农业技术的推广普及。

二是服务能力不强，地位待遇差，积极性不高。除了区级农技推广机构配有电脑和必备的仪器设备外，街镇农技推广机构大多没有固定的办公地点，更谈不上服务能力和服务手段，工资待遇水平极低，人均工资不到 2.5 万元，福利待遇几乎没有，更谈不上保障，农技人员人心浮动，积极性较低。

三是队伍结构不合理，人才断档。区级农业推广机构 1992 年以后近 20 年没有农业院校大中专毕业生进入，没有 35 岁以下的农技人员。街镇是 1997 年以后近 15 年没大中专毕业生充实基层，没有 30 岁以下的农技人员，农技推广人才严重断档，专业知识结构老化，不适应现代都市农业发展的要求，农技人员的继续再教育急待加强，知识急待更新。

三、几点建议

一是加强体系建设，理顺关系。认真贯彻落实中央和省委、省政府 1 号文件精神，合理核定街镇农技人员的事业编制和财政编制，建立健全区、街（镇）、村三级服务农业技术体系，重视基层农技推广工作，关心他们的工作和生活，提高社会地位，使基层农技人员有归宿感和荣誉感，解决他们的后顾之忧。

二是加大投入力度，改善农技推广体系条件。借助中央和省高度重视农业工作的机遇，争取方方面面的支持，加强基层农技推广机构的设施条件建设，使其办公有场所，服务有手段，下乡有工具，工作有经费，待遇有保障。

三是调整技术人员结构，加强知识更新培训，加快人才引进。选派农技人员到相关大专院校进行提升素质培训，使其知识更新，便于更好地服务农村、农业和农民，同时，出台相关鼓励政策，有意识的选派一批大学生充实到基层农技推广第一线，补充新鲜血液，使其年龄结构优化，确保基层农技推广队伍后继有人。结合机构改革和产业发展实际，抽调技术人员充实到蔬菜、食用菌等特色产业之中，加强经济作物的技术力量，并对这部分技术人员进行系统的转岗技术培训，提高其专业技能和综合知识水平。

四是制定激励政策，鼓励科技人员从事农业生产经营。农业技术推广离不开技术带头人、技术示范员，而农业技术人员无疑是最好的技术带头人和技术示范员。因此，建议各级政府要制定相应的激励政策，鼓励农业科技人员深入农村，承包经营土地，兴办农业企业，带领农民从事科技含量高的农业生产，把先进、实用的农业技术在自己的基地里、企业内进行展示、示范，把技术和生产有机地结合起来，指导和带领农民科技致富。

五是加大扶持力度，提高农技人员待遇水平。各级政府要要把农技推广各专项经费列入财政预算或支农专项，保障推广工作经费；同时，要贯彻落实中央和省、市"一号文件"精神，提高农技人员的工资和福利待遇水平，更好地为全区现代农业发展和农民增收致富工作。

不同类型农业科技成果的转化途径

汉南区农业局科教科

何绍华 彭珍东 张 倩 彭 空

摘 要 本文把农业科技成果划分为 3 种基本类型：方法类成果、产品类成果、集成配套类技术成果，并探讨了各类成果的有效转化途径。

科技成果转化是科技与经济结合的关键环节，科技成果只有转化为现实的生产力，才能实现其价值。随着农业和农村经济的快速发展，农业科技成果转化问题显得越来越重要。本文着重探讨农业科技成果的有效转化途径。

一、农业科技成果的类型

农业科技成果有不同的形态特征，粗略地可以分为 3 种类型：第一种类型为方法类成果，第二种类型为产品类成果，第三种类型为集成配套类技术成果。

方法类的科技成果指的是种养方式的各种革新，包括种养模式、农事操作方式等，也包括产品收储、包装、加工等衍生的方式方法。近年推广过的方法类技术成果有营养块育苗技术、薯间套苦瓜高效种植模式、80∶20 养鱼模式等。

产品类的成果是科技成果物化为农业生产资料，在使用这些生产资料的同时，把包含其中的科技成果应用于生产实践之中。如配方肥、新型生长调节剂、新农药、新品种种子等。

集成配套类成果是将现有的各类技术和新开发的技术合理组装后应用于农业生产，这类科技成果通常用于新产品的引进开发。如大棚西瓜—播多收种植技术、黄鳝池塘网箱健康高效养殖技术、中华鳖池塘仿生态养殖技术等。

二、农业科技成果的转化途径

3 种类型的科技成果，转化为现实生产力的主要途径还是不尽相同的。

方法类农业科技成果主要依靠公益性农技推广部门面向千家万户推广，这种技术成果一般没有推广收益，而推广成本并不少，社会效益和经济效益也并不低，只能通过公益性组织来推广。

产品型科技成果主要通过农资渠道来推广，农资渠道可以得到可靠、可观的推广收益（农资经营利润）。产品型科技成果也可以通过社会性服务组织、农业龙头企业、科技企业自办的生产基地等多种途径实现成果转化。有钱赚的事往往不难推广。

集成配套类成果主要通过科研院所向农业龙头企业和专业户推广应用，在推广过程中通常有基层农技推广部门的深度介入。

三、当前影响科技成果转化的一些因素

1. 农民科技素质还是不高，对新技术的接受、理解存在困难。

2. 基层农技推广体系还是不够健全，从业人员水平也很一般。

3. 市级以上农业科技单位研发能力可能也不够，可推广的东西并不多。

4. 农资渠道的趋利特点影响了产品类科技成果的有效推广，一些打着高科技幌子的假冒伪劣产品大行其道，而正真的科技含量高的好东西因经营利润不高而被拒之门外。

5. 新型社会化服务组织还不强健，对资本密集型技术（譬如组织培养技术、脱毒种苗技术、自动化种养技术等等）的应用还是显得力不从心。

四、改进成果转化效率的几点建议

1. 对农民的科技教育是根本，要常抓不懈。

2. 公益性农技推广体系的改革势在必行，打破现在这种既不是干部又不是商人又不是农民的尴尬处境，政事要分开。

3. 加大农业投入是出路，没有大的投入，高新技术是进来不了的。

4. 引导农资渠道正确的方向，把好的产品引进来而不是把高经营利润的产品引进来。

5. 希望农业研发单位面向农业生产实际，多出成果出好成果。

第三篇

转化实践

武汉市人民政府关于深化武汉地区 高校科研机构职务科技成果使用处置与 收益管理改革的意见

各区人民政府，市人民政府各部门：

为贯彻落实《中共中央关于全面深化改革若干重大问题的决定》、《省人民政府关于印发促进高校院所科技成果转化暂行办法的通知》（鄂政发〔2013〕60号）精神，推进科技成果转化体制机制创新，充分调动武汉地区高校、科研机构科技人员创新创业的积极性，促进职务科技成果转化应用，经研究，特提出如下意见：

一、建立高校、科研机构职务科技成果使用、处置管理制度。赋予高校、科研机构职务科技成果自主处置权。对高校、科研机构的职务科技成果，除涉及国家安全、国家利益和重大社会公共利益外，单位可自主决定采用科技成果转让、许可、作价入股等方式开展转移转化活动，对此主管部门和财政部门不再审批。高校、科研机构职务科技成果转化所获得的收益全部留归单位，纳入单位预算，实行统一管理，使用、处置收益不再上缴财政。

二、建立健全高校、科研机构职务科技成果收益分配机制。确立科技成果发明人利益主体地位。高校、科研机构职务科技成果转化所得净收益，按照不低于70%的比例归参与研发的科技人员及团队拥有，其余部分统筹用于科研、知识产权管理及相关技术转移工作。高校、科研机构用于人员奖励的支出部分，不受当年单位工资总额限制，不纳入工资总额基数。高校、科研机构转化职务科技成果以股权或者出资比例形式给予科技人员个人奖励，获奖人在取得股份、出资比例时，暂不缴纳个人所得税；取得按股份、出资比例分红，或者转让股权、出资比例形成现金收入时，应当依法缴纳个人所得税。

三、探索高校、科研机构职务科技成果所有权改革。允许高校、科研机构与职务发明人通过合同约定共享职务科技成果所有权。高校、科研机构拟放弃其享有的专利及其他相关知识产权的，应当在放弃前 1 个月通知职务发明人，职务发明人愿意受让的，可以获得该知识产权，单位应当协助办理权属变更手续。

四、建立符合高校、科研机构职务科技成果转化规律的市场定价机制。职务科技成果转让遵从市场定价，交易价格可以选择协议定价或者技术市场挂牌交易等方式确定。实行协议定价的，应当在本单位将成果名称、拟交易价格等内容予以公示，在此基础上确定最终成交价格。

五、建立完善高校、科研机构职务科技成果转化工作体系和管理机制。高校、科研机构要优化职务科技成果转移转化各环节的决策机制和管理流程，明确职务科技成果管理部门、转移转化机构、资产管理部门和职务科技成果完成人在科技成果转移转化中的责任，建立符合职务科技成果转移转化特点的岗位管理、考核评价和奖励制度。鼓励和支持高校、科研机构设立专业从事技术转移的服务机构，市科技局、财政局对高校、科研机构成立并经认定的技术转移服务机构给予专项资金支持，对新列入的国家级技术转移示范机构，一次性给予 100 万元奖励，对新列入的省、市级技术转移示范机构，一次性给予 30 万元奖励。鼓励外地高校、科研机构在汉转化职务科技成果，对以技术入股、技术转让、授权使用等形式在汉转化的职务科技成果，按实现技术交易额 1% 的比例给予奖励。

六、创新高校、科研机构职务科技成果转化评价机制。项目主管部门应当将职务科技成果转化和知识产权创造、运用作为高校、科研机构应用类科研项目立项和验收的重要依据，并与财政投入挂钩。高校、科研机构在相关考核和职称评聘工作中，科技人员创办科技型企业所缴纳的税收和创业所得捐赠给原单位的金额，等同于纵向项目经费。对科技人员创新创业和在技术转移、科技成果转化中贡献突出的，可破格评定相应专业技术职称。建立高校、科研机构职务科技成果转移转化报告制度，报告内容主要包括科技成果项目库、评估情况、转移转化情况、收益分配情况等，加强对职务科技成果转移转化情况的跟踪和监督。

七、支持高端人才创新创业。鼓励和支持"两院"（中国科学院、中国工程院）院士、"千人计划"人选、"973"和"863"首席专家、"长江学者"、"黄鹤英才"等高层次人才及其创新团队在汉转化职务科技成果或者科技创业。对高校、科研机构"双肩挑"（既担任行政领导职务又担任专业技术职务）人员，经所在单位批准允许在汉创办企业并持有该企业股份。

八、落实大学生创新创业"青桐计划"。允许在读大学生休学创业，创业实践可按照相关规定计入学分，创业之后可重返原校完成学业。科技企业孵化器设立"零房租"大学生创业专区。市科技、教育、人力资源社会保障部门每年遴选一批大学生创新创业项目给予支持，市人民政府每年资助 100 名在科技企业孵化器创业的大学生创业先锋。

九、引导社会资本促进职务科技成果转化。充分利用政府引导基金，引导创业风险投资机构、科技小额贷款公司、担保公司和"天使基金"为科技型企业成果转化提供融资服务。建立职务科技成果转化风险补偿机制。

十、加强知识产权应用和保护力度。探索建立知识产权法院，实施发明专利维持经费资助制度。由市级财政安排专项经费，对高校、科研机构技术前瞻性强、市场前景好的发明专利，在一定年限内给予专利维持经费资助支持。在同等条件下，武汉市企事业单位可按照与有关高校、科研机构的协议优先受让、实施上述专利，并在支付相应费用时给予优惠。

各区、各有关部门要根据本意见制定促进职务科技成果转化的实施细则。各高校、科研机构要结合实际出台具体操作办法，并认真抓好贯彻落实。

2011—2013 年武汉市专利授权（农业类）

2011—2013 年武汉市专利授权（农业类）

申请号	发明名称	申请人名称	专利类型
2012203481423	一种分体式不用电池的电蚊拍	王文渭	实用新型
2012203481885	一种不用电池的电蚊拍	王文渭	实用新型
2011102509648	一种苎麻纤维不间断收获的方法	华中农业大学	发明
2012202701996	伸缩摘果器	钱娟	实用新型
2012203320281	一种鱼类标本保存装置	中国水产科学研究院长江水产研究所	实用新型
2012203645052	可充电脉冲间歇式蜂毒采集器	江柏军	实用新型
2012204436232	一种多功能电蚊拍	王雪晨	实用新型
2012202217245	一种基于昆虫性信息素与宽谱诱虫光源的太阳能光伏灭虫灯装置	中南民族大学	实用新型
2012204123581	自动化鱼缸	赵恒爽	实用新型
2012203553741	电控旋击灭虫器	刘渝兴	实用新型
2012203873858	一种烟田害虫诱捕装置	湖北省烟草科研所	实用新型
2009102732431	芽孢杆菌微生物农药的油烟剂及其制备方法	湖北康欣农用药业有限公司	发明
2010101003371	一种长吻鮠养殖动态投饲表的建立方法	中国科学院水生生物研究所	发明
2010102415307	一种富锶豆芽的快速生产方法	华中农业大学	发明
2011102079175	一种粉花长寿花试管花卉的制作方法	华中农业大学	发明
2011102540890	一种观音座莲试管花卉的制作方法	华中农业大学	发明
2011102640653	一种水库消落带植被快速恢复的方法	中国科学院水生生物研究所	发明
2012200903480	互联网监控种植箱	戚洪斌	实用新型
2012203103379	一种多功能钓鱼竿	邓梓轩	实用新型
2012203772471	一种调查浅水湖泊饵料鱼类资源量的围网采样装置	中国科学院水生生物研究所	实用新型
2012203791773	带变速功能的水车式增氧机	武汉明博机电设备有限公司	实用新型

（续表）

申请号	发明名称	申请人名称	专利类型
2009102734831	利用孢子体型不育细胞质和保持系培育水稻近等基因恢复系	湖北大学	发明
2010101207951	浮桶鸭嘴式挖藕机	武汉兴盛农机技术开发有限公司	发明
2012200634785	一种浮萍盆式昆虫诱捕器	武汉市蔬菜科学研究所	实用新型
2008100466523	一种功夫菊酯水乳剂及其低能乳化制备方法	武汉大学	发明
2008102374403	防治烟草叶部病害的蝇蛆几丁低聚糖制剂及其应用	湖北中烟工业有限责任公司	发明
2012203294164	可更换嫁接钎头的嫁接钎	武汉市东西湖维农种苗有限公司	实用新型
2012203307249	工厂化育苗温床	武汉市东西湖维农种苗有限公司	实用新型
2010101037081	一种农药敌草隆缓控释纳米复合材料的制备方法	武汉理工大学	发明
2012204777966	一种用于西瓜嫁接苗的 LED 补光育苗架	武汉市农业科学研究所	实用新型
2011101410739	孵化蛋品质在线自动检测分选设备及其方法	华中农业大学	发明
2012203461595	可无限拼接式人工蚂蚁巢	张慧旗	实用新型
201220415049X	一种低能耗的多站节水灌溉控制电路	联塑科技发展（武汉）有限公司	实用新型
2012205266099	一种猪舍	武汉沃田生态科技有限公司	实用新型
2009102732959	适用于油菜壮苗及增加角果数的种子处理剂	华中农业大学	发明
2012204052247	四害诱杀器	袁慎聪	实用新型
2012204629095	可调节单列式肉牛舍	湖北省农业科学院畜牧兽医研究所	实用新型
2012204629269	可调节双列式牛舍	湖北省农业科学院畜牧兽医研究所	实用新型
2012205905656	电蝇斗	黄佩荣	实用新型
2012204092367	大树移植的快速补充养分和水分的装置	武汉农尚环境股份有限公司	实用新型
2012204293898	一种用于移植大树的根部的冬季保温装置	武汉农尚环境股份有限公司	实用新型
2012204302505	一种用于在水泥或沥青的大面积铺装地面下的树盘通气的装置	武汉农尚环境股份有限公司	实用新型
2009102728845	一种生物农药生产方法	李远林	发明
2012205423687	一种育苗大棚供暖用热风炉系统	华中科技大学	实用新型

（续表）

申请号	发明名称	申请人名称	专利类型
2012205423704	一种用于烟草育苗的常压热水锅炉系统	华中科技大学	实用新型
2011101546917	乌塌菜有机生态型无土栽培方法	江汉大学	发明
2011102003532	一种高效烟草花粉离体液体培养的方法	湖北省烟草科研所	发明
2012205293310	一种基于 PLC 和 HMI 技术的农业灌溉控制装置	武汉市农业机械化科学研究所	实用新型
2010105260609	蛹虫草的固态发酵方法	华中农业大学	发明
2011100997596	人工辅助授粉自交方式选育油菜温敏型波里马细胞质雄性不育两用系的方法	华中农业大学	发明
2011101551366	一种烟草人工授粉针拨药取粉杂交授粉方法	湖北省烟草科研所	发明
201220429917X	智能花盘	龚永文	实用新型
2012204505514	自清洁型太阳能杀虫灯	武汉兴隆源太阳能科技有限公司	实用新型
2012205240332	发芽车	武汉维尔福种苗有限公司	实用新型
2012205362429	一种驱鸟装置	武汉钢铁（集团）公司	实用新型
2012204301428	一种轻质实用的花箱	武汉农尚环境股份有限公司	实用新型
2010105707792	甘蓝型油菜芥菜细胞质雄性不育系的选育方法	华中农业大学	发明
2012205145855	一种灭鼠器	陈霞	实用新型
2012205421323	一种灭蚊器的自动断电安全保护装置	陈霞	实用新型
2010101342525	油菜增产素	中国农业科学院油料作物研究所	发明
2011104582741	白鹃梅的组织培养方法	武汉市林业果树科学研究所	发明
2011100782927	利用远缘杂交和回交技术选育鸡冠花新品种的方法	湖北大学	发明
201010206351X	一种安全环保型杀螨剂	湖北大学	发明
2011102337514	一种在边坡上种植佛甲草的方法	中国科学院武汉植物园	发明
2012204977290	一种大型底栖动物筛选网具	江汉大学	实用新型
2012205631321	一种新型蚊香架	李丹	实用新型
2011101157548	一种机械调控、绿色环保化片烟储存方法	李翊玮	发明
2011102509633	红壤侵蚀退化立地的植被恢复的方法	中国科学院武汉植物园	发明
2011103221500	一种鲟鱼剥制标本的无害化制作方法	水利部中国科学院水工程生态研究所	发明
2012205916218	一种可移动式花槽	张栋	实用新型

（续表）

申请号	发明名称	申请人名称	专利类型
2012203283653	工厂化育苗催芽室用加温加湿机	武汉市东西湖维农种苗有限公司	实用新型
2012206038668	一种带导向搅种齿的吸种盘	华中农业大学	实用新型
2012206038687	一种滑道式投钵苗机械手	华中农业大学	实用新型
2012206359620	一种保持水分的花盆	李晨阳	实用新型
2011100996057	小孢子培养方法选育油菜温敏型波里马细胞质雄性不育两用系的方法	华中农业大学	发明
2012206637486	猪活体保定电子笼秤	华中农业大学	实用新型
201220610875X	智能养护型旋转花架	杨雄	实用新型
2012205531836	诱捕活虾活鳝等鱼的网笼	江汉大学	实用新型
2012206306040	全自动养殖鹌鹑笼具	湖北神丹健康食品有限公司	实用新型
2012206323436	一种宠物洗澡盆	王艺澄	实用新型
2011100654473	一种利用卡那霉素叶片涂抹法田间筛选转基因萝卜的方法	湖北省农业科学院经济作物研究所	发明
2012100073821	一种尼罗罗非鱼精子超低温保存的方法	中国水产科学研究院长江水产研究所	发明
2012205421802	一种烟草育苗与烟叶烘烤联合供热系统	华中科技大学	实用新型
2012207084983	一种利用废旧塑料容器制作的环保花盆	甘子康	实用新型
2012206551964	蚊香夹持器	仇磊	实用新型
2011100603772	半夏子芽的快速繁殖方法	华中农业大学	发明
2011100204077	一种菜粉蝶引诱剂及其制备方法	武汉武大绿洲生物技术有限公司	发明
2011104462523	气力式水稻芽种直播精量排种装置	华中农业大学	发明
2012203919048	一种立体绿化浇灌系统	武汉阁林绿墙工程有限公司	实用新型
2012206614874	水旱两用秸秆还田耕整刀辊	华中农业大学	实用新型
2012206759290	一种用于土壤—植被—大气连续体系模型试验的人工气候系统	中国科学院武汉岩土力学研究所	实用新型
2011100654596	一种萝卜与芜菁属间远缘杂交获得离体胚的方法	湖北省农业科学院经济作物研究所	发明
2012206579052	捕鼠盒	李文婕	实用新型
2012206518171	自吸式多层盆栽装置	湖北省农业科学院经济作物研究所	实用新型
2012207014961	一种离体肝脏低温连续脉冲式机器灌注保存装置	武汉大学	实用新型
2012206537172	新型组培苗水液漂浮炼苗装置	湖北省农业科学院经济作物研究所	实用新型

（续表）

申请号	发明名称	申请人名称	专利类型
2010100289757	快速高效诱导芦荟适应水生条件的栽培方法	湖北大学	发明
2012206510201	积水蚊虫展示屏	武汉市疾病预防控制中心	实用新型
2012206558249	高空摘果器	言茂成	实用新型
2012206524967	一种马铃薯收获机的防堵塞装置	武汉市农业机械化科学研究所	实用新型
2012207127828	一种小型往复式切割藜蒿收获机具	武汉市农业机械化科学研究所	实用新型
2011101169282	固态发酵生产冬虫夏草菌丝的方法	华中农业大学	发明
2011101691997	一种促进梨幼树提早结果的方法	湖北省农业科学院果树茶叶研究所	发明
2011103789260	一种筛选团头鲂群体杂交优势组合的方法	华中农业大学	发明
2012206345844	捕鼠器	吴江宏	实用新型
2012206594936	诱蚊电击灭蚊器	黄子芯	实用新型
2012207113609	一种适用于油菜收获的割晒机	华中农业大学	实用新型
2012207119234	一种油菜割晒机液压驱动装置	华中农业大学	实用新型
2008101124970	一种辣根素胶囊剂及其应用	武汉绿世纪生物工程有限责任公司	发明
2009102495120	异硫氰酸酯在制备白蚁防治剂中的应用	武汉乐立基生物科技有限责任公司	发明
2013200227393	一种电热灭蚊片	张雪钰	实用新型
2012207059801	可以显示湿度的花盆	卢鉴莹	实用新型
2012207072948	自动浇花装置	李友	实用新型
2009102722035	一种促进植物生长的蛋白质纳米复合体及制备方法和应用	武汉大学	发明
2012206887458	一种群体孵化蛋成活性的视觉检测分级装置	华中农业大学	实用新型
2012207039102	一种自动给水花盆	武汉沃田生态科技有限公司	实用新型
2012205555385	稻田养殖防护植物浮床	湖北大学	实用新型
201220662948X	一种装在吊灯上的电蚊拍	李丹	实用新型
2012207016416	一种离体肾脏连续灌注保存装置	武汉大学	实用新型
2013200105428	一种升降式诱蚜黄板	湖北省烟草科研所	实用新型
201320010612X	高度可调节的高效诱蚜黄板置板装置	湖北省烟草科研所	实用新型
2013200140417	一种电动鼓风式烟草杂交授粉枪	湖北省烟草科研所	实用新型
2011100287351	一种高效稳定的稻曲病菌室内接种方法及专用菌株	华中农业大学	发明
2011100654562	一种萝卜与荠蓝属间杂种胚离体培养的方法	湖北省农业科学院经济作物研究所	发明

（续表）

申请号	发明名称	申请人名称	专利类型
2012207469543	一种新型马铃薯脱毒试管薯育苗装置	湖北凯瑞百谷农业科技股份有限公司	实用新型
2010105836702	禽蛋立体升降电子分级方法及分级装置	王树才	发明
2012207370862	采卵操作台	武汉百瑞生物技术有限公司	实用新型
2012207381180	鱼苗开口暂养装置	武汉百瑞生物技术有限公司	实用新型
2013200139848	烟草花药脱离机	湖北省烟草科研所	实用新型
2013200063995	一种新型改良梨树平棚架式	湖北省农业科学院果树茶叶研究所	实用新型
2012100073836	一种罗非鱼精子通用稀释液及制备方法	中国水产科学研究院长江水产研究所	发明
2012206950269	烟株打顶装置	湖北中烟工业有限责任公司	实用新型
201220701147X	一种适用于大粒径种子的气力倾斜圆盘排种器	华中农业大学	实用新型
2012207036922	宠物助洗器	彭雪娇	实用新型
2013200434497	气流输送棉苗移栽机具	湖北工业大学	实用新型
2012206951276	方便清洗的鱼缸	吴超群	实用新型
2012207424063	宠物毛发吹干梳理装置	赵紫偲	实用新型
2012207338227	海上植物浮床装置	武汉水天春秋生物环境工程有限公司	实用新型
2010102394705	一种适用于池塘养殖的克氏原螯虾一年双季苗种的繁育方法	华中农业大学	发明
2011101907741	一种烟草种子渗透调节自动控制系统及其使用方法	湖北省烟草科研所	发明
2013200949031	牵引式虾塘投饵机	武汉明博机电设备有限公司	实用新型
2013200957818	带投料功能的叶轮式增氧机	武汉明博机电设备有限公司	实用新型
2012204694484	一种双色聚乙烯农地膜	黄泽兴	实用新型
2012207320469	老鼠笼	文浩锦	实用新型
2013200345262	用于养殖场的牲畜排泄物清理装置	武汉市天牧机械设备制造有限公司	实用新型
2013201372731	卫生球盒	张世琦	实用新型
2012100945524	一种便携式仔稚鱼荧光诱捕装置	中国科学院水生生物研究所	发明

（续表）

申请号	发明名称	申请人名称	专利类型
2012101347814	一种具有活动式盖板的温室设备及其应用	华中科技大学	发明
2010101746228	乙氧氟草醚与氟乐灵二元复配制成的除草剂及其制备方法	湖北奥士特奥农药产品研发有限公司	发明
2012207419436	方便换水的鱼缸	陶然	实用新型
2013200265821	增氧机	湖北逸丰农机有限公司	实用新型
201320036198X	一种无土栽培模块式垂直绿化装置	武汉市林业果树科学研究所	实用新型
2013200362840	便捷手动播种器	田健	实用新型
2011100251701	一种热性惊厥模型鼠的筛选方法及其应用	武汉大学	发明
2012205745017	一种稻田泥鳅自动捕获装置	湖北大学	实用新型
2013200231562	一种安全蚊香盒	黄捷	实用新型
2013200939006	一种血斑蛋在线无损检测分选设备	华中农业大学	实用新型
2009102495116	芳香基异硫氰酸酯和烯丙基异硫氰酸酯的组合物及其应用	武汉乐立基生物科技有限责任公司	发明
2011102003547	一种用于烟草花粉的高效诱变方法	湖北省烟草科研所	发明
201220756813X	一种盆栽盆托	华中农业大学	实用新型
2012207568159	一种无动力可移动种植槽	华中农业大学	实用新型
2013201074357	一种保温大棚膜	武汉现代精工机械有限公司	实用新型
2013201161529	一种羊圈舍的饲喂栏结构	湖北省农业科学院畜牧兽医研究所	实用新型
2013201360611	一种烟草种子脱粒机	湖北省烟草科研所	实用新型
201320113093X	一种钓鱼抄网框	朱国光	实用新型
2013200961989	带捕虫功能的水车式增氧机	武汉明博机电设备有限公司	实用新型
2013201357178	多分支自锁防脱式鱼钩	刘合南	实用新型
2013200874251	鲜花温室大棚湿度调节结构	武汉市农业科学研究所	实用新型
2013201196119	一种蔬菜温室大棚的顶棚结构	武汉市农业科学研究所	实用新型
2013201347922	一种高通量植物组织培养盒	武汉伯远生物科技有限公司	实用新型
201210127270X	运用连通器原理实现水生生物水压实验的装置及方法	中国水产科学研究院长江水产研究所	发明
2013200787573	带抽气装置的电蚊拍	万超	实用新型
2013201222876	一种喷水碎石储热太阳能温室	武汉大学	实用新型
2013201356974	多用型手动式浇灌瓶	温茜茜	实用新型
2013200520350	自动喂料装置	湖北神丹健康食品有限公司	实用新型

（续表）

申请号	发明名称	申请人名称	专利类型
2013201116218	一种用于蛋鸡的自动喂料机组	武汉市天牧机械设备制造有限公司	实用新型
2013201692388	一种用于猪场的链式喂料机	武汉市天牧机械设备制造有限公司	实用新型
2013201167135	一种基质、水培两用智能栽培机	梅松涛	实用新型
2013201844520	一种烟草杂交授粉笔	湖北省烟草科研所	实用新型
2013201662518	一种自动控制 CO_2 气肥施放装置	武汉市农业机械化科学研究所	实用新型
2012100404720	一种半纤维素基抗菌抗氧化剂的制备方法	武汉大学	发明
201320017199X	试验蜜蜂饲喂箱	华中农业大学	实用新型
2013200541728	用于水稻直播机的开沟播种机构总成	华中农业大学	实用新型
2013200542364	船式水稻直播机	华中农业大学	实用新型
2013200854027	一种水陆两用可移动式制种装置	湖北省种子集团有限公司	实用新型
2013202123469	一种变量喷雾机直接注入式混药系统装置	华中农业大学	实用新型
2013200828605	多功能驱蚊灯	李俊杰	实用新型
2013202307922	水生植物隔离种植池	武汉现代都市农业规划设计院股份有限公司	实用新型
2012100309641	一种抑制烟草愈伤组织继代培养中褐化的方法	中国科学院水生生物研究所	发明
2012101252640	一种普通念珠藻的培养方法及装置	中国科学院武汉植物园	发明
2012103048944	一种高尔夫球场生态修复方法	武汉中科水生环境工程有限公司	发明
2013201932269	双腔式气力排种器	华中农业大学	实用新型
2013200645801	一种将大水面批量水产品陆路坡地快运的设备	湖北省水产科学研究所	实用新型
2013200650848	一种抗风浪浮动组合式水产品苗种培育设备	湖北省水产科学研究所	实用新型
2013200654073	一种可调速的摇摆式批量苗种孵化设备	湖北省水产科学研究所	实用新型
2013201357411	自动浇水花盆	梁金德	实用新型
2013201701758	趣味渔场	顾杰鹏	实用新型
201210140302X	山苍子油防霉防蛀缓释微胶囊及其制备方法	湖北大学	发明
2013200908065	环保型家庭鱼缸水循环过滤增氧装置	湖北工业大学	实用新型
2013201819529	一种复合型森林施肥装置	武汉盛华邦科技有限公司	实用新型
2012100031123	接骨草饲养茶尺蠖，及用其扩繁 EcobNPV 的方法	湖北省农业科学院果树茶叶研究所	发明

（续表）

申请号	发明名称	申请人名称	专利类型
2013201884477	一种双腔整体式滴灌带	中工武大设计研究有限公司	实用新型
2013200597244	一种播种施肥联动的播种机变量调节装置	华中农业大学	实用新型
2011100654859	一种萝卜与大头菜属间远缘杂交获得离体胚的方法	湖北省农业科学院经济作物研究所	发明
2013201308186	全自动大蒜播种机	武汉理工大学	实用新型
2013201516051	实验鼠屋	刘树锦	实用新型
2013202241268	一种用于宠物跑步的辅助笼	晏亦醇	实用新型
2012100061561	一种散白蚁室外巢群人工培育方法	华中农业大学	发明
2013202798430	一种方便侧板组装的投饵机箱体	武汉明博机电设备有限公司	实用新型
2012100512706	一种菜青虫颗粒体病毒原药的制备方法	武汉武大绿洲生物技术有限公司	发明
201210051315X	一种甜菜夜蛾病毒原药的制备方法	武汉武大绿洲生物技术有限公司	发明
2012102794251	一种薰衣草快速繁殖的方法	中国科学院武汉植物园	发明
2012103716546	一种土鸡蚯蚓有机蔬菜循环生产方法	湖北吉农沃尔特农业有限公司	发明
2013201931247	一种作物光合效率促进装置	中国农业科学院油料作物研究所	实用新型
201320268098X	一种粘鼠板	武汉武大绿洲生物技术有限公司	实用新型
2013201525949	自动控制喷水装置	张清玉	实用新型
2013201704385	一种城市交通护栏用花盆	李樨琪	实用新型
2012100750225	濒危蕨类植物水蕨的繁育方法	江汉大学	发明
201320133441X	一种喷洒角度可控的农药喷洒装置	何永兴	实用新型
2013202803119	一种带补风口的投饵机振动下料装置	武汉明博机电设备有限公司	实用新型
2010105350747	具有杀菌活性的 N-硝基-N-2，4，6-三氯苯基-N" -芳基脲衍生物及其制备方法	华中农业大学	发明
2013201698420	环保式蚊香盒	胡龙	实用新型
2013202164670	定时投食装置	邓凡	实用新型
2011103567975	一种智能仿生驱鸟装置	王新	发明
2012105343070	一种利用低温防治仓储绿豆象的方法	湖北省农业科学院粮食作物研究所	发明
2013201394340	一种气味挥发物和颜色相结合的复合型柑橘木虱诱捕器	华中农业大学	实用新型
201320221675X	可调节式防火蚊香盘	江新枭	实用新型

（续表）

申请号	发明名称	申请人名称	专利类型
2012206631117	一种带自动浇水系统的温度计	刘腾	实用新型
2013201935801	安全蚊香盒	王帆	实用新型
2012100447020	一种复配植物源农药及其制备方法	湖北中烟工业有限责任公司	发明
2013202804696	一种新型组装式投饵机箱体	武汉明博机电设备有限公司	实用新型
2013202918061	一种适用于三峡水库的黏性卵人工鱼巢	水利部中国科学院水工程生态研究所	实用新型
2013203130703	萝卜籽精选脱粒机	武汉市农业机械化科学研究所	实用新型
2013203071832	一种全自动稻草收割青储机	薛博文	实用新型
201010557897X	一种甘蓝型油菜萝卜甘蓝细胞质雄性不育系的选育方法	华中农业大学	发明
2013202187403	远距离自动监控蜂箱温湿度和蜂蜜产量的太阳能蜂箱	程巍	实用新型
2013202197246	带有电风扇的蜂箱隔王板	程巍	实用新型
2013202791446	一种成鲵养殖车间	武汉现代都市农业规划设计院股份有限公司	实用新型
201320279429X	一种带红外检测功能的投饵机	武汉明博机电设备有限公司	实用新型
2013202827128	一种生态洞穴	武汉现代都市农业规划设计院股份有限公司	实用新型
2013202860696	一种大鲵生态养殖池	武汉现代都市农业规划设计院股份有限公司	实用新型
2013203453593	一种气缸作用式精量排种器	湖北工业大学	实用新型
2013203542493	可调节角度的嫁接刀	湖北省烟草科研所	实用新型
201210442776X	一种雪茄烟叶种植的施肥方法	湖北中烟工业有限责任公司	发明
2013202483252	可视钓鱼器	陈强	实用新型
201110028552X	一种快速高效构建团头鲂半同胞家系的方法	华中农业大学	发明
2013203400149	自动拔棉秆机	武汉广益交通科技股份有限公司	实用新型
2013203491824	泥鳅固定网套	湖北生物科技职业学院	实用新型
2012204152404	气象站式灌溉控制装置	联塑科技发展（武汉）有限公司	实用新型
2013203721949	一种河蚌定量采集工具	长江水利委员会长江科学院	实用新型
2013202050735	一种宠物跑步机	晏亦醇	实用新型
2013202072429	自动提醒式鱼竿	李智	实用新型

（续表）

申请号	发明名称	申请人名称	专利类型
2013202218774	分级稀释建立高连续梯度盐度选择实验的装置	中国水产科学研究院长江水产研究所	实用新型
2013203976863	昆虫敏感光源筛选装置	华中农业大学	实用新型
2013204687593	一种能保护益虫的诱虫灯	华中农业大学	实用新型
2011103496861	一种可改善鱼类品质的生态循环水养殖方法及装置	中国水产科学研究院长江水产研究所	发明
2012100075314	一种罗非鱼精子通用激活液及制备方法	中国水产科学研究院长江水产研究所	发明
2013203481409	多功能害虫灭除系统	罗源	实用新型
2013203837752	自动施肥打洞机	杨文超	实用新型
2012205886833	宠物喂食器	高劼	实用新型
2012103945155	螺威与吡虫啉的混配农药制剂	武汉职业技术学院	发明
2013204437136	一种鱼食盒	吴宗煜	实用新型
2013204528099	一种嫁接烟株多功能固定装置	湖北中烟工业有限责任公司	实用新型
2010105591616	以埃洛石为载体的二氧化钛纳米抗菌剂及其制备方法	中国地质大学（武汉）	发明
2011104518872	一种芒属植物芒荻杂种9号体胚组培快速繁殖方法	湖北光芒能源植物有限公司	发明
2013204149302	智能喷雾驱鸟装置	武汉华中天工光电制造有限公司	实用新型
2013200348294	一种新型马铃薯组织培养容器	湖北凯瑞百谷农业科技股份有限公司	实用新型
2012104591887	一种烟区土壤中提前种植和翻压绿肥的方法	湖北省农业科学院植保土肥研究所	发明
2013203857489	一种单盘蚊香的生产成型设备	武汉市鸣九机械制造有限公司	实用新型
2013205064405	一种油菜联合收获机脱离分离物料的筛分与输送装置	华中农业大学	实用新型
2013202164929	一种用于恢复尾矿库生态的植被毡	祝辛卯	实用新型
2013203493139	自动滴水花盆	马占清	实用新型
2013203389031	带有嵌合装置巢框和螺旋调节支脚的蜂箱	程魏	实用新型
2013204462937	一种手自一体卸力中通竿	张勇	实用新型
2013204595248	一种用于岩质边坡快速绿化的装置	武汉沃田生态科技有限公司	实用新型
2013204606187	一种手动蔬菜播种机	金劲松	实用新型
2011100654346	一种大白菜种质抗黑斑病的快速鉴定方法	湖北省农业科学院经济作物研究所	发明

（续表）

申请号	发明名称	申请人名称	专利类型
2011103549892	一种油菜壮苗及增加角果数的种子处理剂及应用	华中农业大学	发明
2012103234416	利用双链 RNA 干扰技术制备降低烟草烟碱合成的抑制剂的方法及其应用	湖北中烟工业有限责任公司	发明
2013203227747	吸浆机	徐文	实用新型
2013203479023	一种智能育菜机	武汉快乐农场园艺有限公司	实用新型
2013203479184	组合式立体种植盆	武汉快乐农场园艺有限公司	实用新型
2013203830185	可调温太阳能大棚系统	李振华	实用新型
2013204722756	水田预制灌溉进排水控制装置	王卓民	实用新型
2013204823653	一种节水灌溉现地监控器	武汉市农业机械化科学研究所	实用新型

武汉市 2011—2013 年以来取得的农业科技成果

武汉市 2011—2013 年以来取得的农业科技成果

序号	发布时间	鉴定时间	成果登记号	获得成果名称	完成单位
1	2013		wk201312016	转 PBD-1 骨髓细胞活体移植净化猪支原体感染的研究	武汉市畜牧兽医科学研究所
2	2013		wk201312007	一种兽用长效硫酸头孢喹肟注射液及其制备方法	武汉回盛生物科技有限公司
3	2013		wk201312005	银木的扩繁技术与推广应用研究	武汉市园林科学研究所
4	2013		wk201312006	流感病毒细胞疫苗专用细胞系的筛选及应用	武汉市畜牧兽医科学研究所
5	2013		wk201312002	优质双低杂交油菜"汉油301"的选育	湖北华之夏种子有限责任公司
6	2013		wk201311036	一种添加发酵菜粕和发酵棉粕的草鱼饲料及生产方法	武汉天龙饲料有限公司
7	2013		wk201311037	添加发酵菜粕和发酵棉粕的斑点叉尾鮰鱼饲料及生产方法	武汉天龙饲料有限公司
8	2013		wk201311038	一种无抗仔猪保育料及其制备方法	武汉天龙饲料有限公司
9	2013		wk201311039	鲫鱼二次酶解制备鲜鱼精的技术研发	武汉梁子湖水产品加工有限公司
10	2013		wk201311035	鄂豇豆 12	江汉大学
11	2013		wk201309011	节水耐旱型园林地被植物选育	武汉市林业果树科学研究所
12	2013		wk201308014	性能稳定的多元素高浓度液体肥料的制备方法	武汉富强科技发展有限责任公司
13	2013		wk201308009	玉米新品种惠民 302 的选育	湖北惠民农业科技有限公司
14	2013		wk201307014	植物性饲料添加剂的研发及在蛋鸡热应激免疫功能调节上的应用	江汉大学

（续表）

序号	发布时间	鉴定时间	成果登记号	获得成果名称	完成单位
15	2013		wk201307009	煨汤型莲藕新品种选育	武汉市蔬菜科学研究所
16	2013		wk201308016	高浓度液体硅肥的制备方法	武汉富强科技发展有限责任公司
17	2013		wk201306028	瓜菜健康种苗集约化高效育苗技术集成创新与产业化	武汉市农业科学研究所
18	2013		wk201306024	无籽西瓜组培快繁技术的研究与应用	武汉市农业科学研究所
19	2013		wk201306020	鳖鳗饲料专用酶的研发与应用	武汉新华扬生物股份有限公司
20	2013		wk201306019	新型高效低毒环保灭螺药物螺威（TDS）杀灭钉螺的应用研究与开发	湖北金海潮科技有限公司
21	2013		wk201306018	黑尾近红鲌配合饲料及配套养殖技术研究	武汉先锋水产科技有限公司
22	2013		wk201306003	健康休闲淡水鱼食品生产技术研究	天喔（武汉）食品有限公司
23	2013		wk201305129	柑橘大实蝇预警与绿色防控技术研究与应用	华中农业大学
24	2013		wk201305128	红菜薹新品种"紫婷二号"示范与推广	武汉市文鼎农业生物技术有限公司
25	2013		wk201305118	金黄疏肝应激散的研发及应用	武汉华扬动物药业有限责任公司
26	2013		wk201305110	优质豆芽生产关键技术与工艺研究	湖北玉如意绿色食品有限公司
27	2013		wk201305089	HMY秸秆腐熟剂研究开发与应用	武汉合缘绿色生物工程有限公司
28	2013		wk201305099	新型茶树植物源防虫剂"查虫清"的研究与开发	湖北大学
29	2013		wk201305060	紫珠属种质资源收集与遗传多样性研究	武汉市林业果树科学研究所
30	2013		wk201305059	九种轻型屋顶绿化景天属植物的耐热抗旱性研究	武汉市林业果树科学研究所
31	2013		wk201306015	杂交鲌"先锋1号"	武汉市水产科学研究所
32	2013		wk201305050	防治水产动物疾病复方药物的制备及应用	武汉中博水产生物技术有限公司
33	2013		wk201305055	黄芪多糖佐剂的研制及其在畜禽疫苗中的应用	武汉市畜牧兽医科学研究所

（续表）

序号	发布时间	鉴定时间	成果登记号	获得成果名称	完成单位
34	2013		wk201305132	猪链球菌病防控关键技术研究与应用	华中农业大学
35	2013		wk201305048	一种鱼用复方中草药制剂及制备方法	武汉中博水产生物技术有限公司
36	2013		wk201305003	早熟黄肉无毛猕猴桃新品种金农、金阳选育及应用	湖北省农业科学院果树茶叶研究所
37	2013		wk201305013	黄鳝性逆转调控和苗种人工生态繁育与养殖技术研究	华中农业大学
38	2013		wk201305004	茶尺蠖核型多角体病毒苏云金杆菌杀虫悬浮剂及制备方法	武汉武大绿洲生物技术有限公司
39	2013		wk201305006	昆虫趋光机理及灯光诱杀关键技术研究与应用	华中农业大学
40	2013		wk201304035	高产高效优质油菜中油杂 12 的选育与应用	中国农业科学院油料作物研究所
41	2013		wk201304028	蔬菜重大病虫害可持续控制技术研究与应用	武汉市蔬菜科学研究所
42	2013		wk201305008	稻草菌墙（平菇）栽培技术研究	武汉市农业科学研究所
43	2013		wk201305007	西瓜枯萎病拮抗内生细菌的筛选研究	武汉市农业科学研究所
44	2013		wk201305009	本土化节水保肥型瓜菜育苗基质的研究与应用	武汉市农业科学研究所
45	2013		wk201305010	胺磺灵在小果型西瓜四倍体诱变上的应用	武汉市农业科学研究所
46	2013		wk201305037	利用中草药防治鱼病关键技术推广应用	武汉中博水产生物技术有限公司
47	2013		wk201304049	肉鸭微生态养殖模式研究	武汉天绿农业科技有限公司
48	2013		wk201304016	可用于流感疫苗生产的细胞筛选及其悬浮培养技术研究	武汉市畜牧兽医科学研究所
49	2013		wk201304015	鸭疫里默氏杆菌、鸭致病性大肠杆菌 floR 的克隆、表达及其抗体制备	武汉市畜牧兽医科学研究所
50	2013		wk201303008	苦瓜新品种"绿玉"的选育	武汉市蔬菜科学研究所
51	2013		wk201304014	菜豆新品种选育	武汉市蔬菜科学研究所
52	2013		wk201303022	杂交粳稻鄂粳优 775 的选育	湖北省农业技术推广总站

（续表）

序号	发布时间	鉴定时间	成果登记号	获得成果名称	完成单位
53	2013		wk201303023	三系不育系鄂晚 17A 的选育	湖北省农业技术推广总站
54	2013		wk201303021	三系不育系红香 2A 的选育	湖北中香米业有限责任公司
55	2013		wk201303020	杂交中稻红香优 68 的选育	湖北中香米业有限责任公司
56	2013		wk201303019	杂交粳稻鄂粳优 763 的选育	湖北中香米业有限责任公司
57	2013		wk201301019	武汉市农村星火科技示范村、示范户体系建设	武汉市农村技术开发中心
58	2013		wk201301025	酚式维生素 E 水溶性粉的研发及在断奶仔猪上的应用	华中农业大学
59	2013		wk201301007	武汉市蔬菜清洁生产技术研究及集成示范	武汉市蔬菜技术服务总站
60	2013		wk201303006	猪蓝耳病疫苗产业化	武汉中博生物股份有限公司
61	2013		wk201301010	用于鱼病防治的复方中药微粉	武汉富强科技发展有限责任公司
62	2013		wk201303007	应用生物反应器工业化生产猪细小病毒疫苗的方法	武汉中博生物股份有限公司
63	2013		wk201301001	克氏原螯虾双季和黄鳝全网箱苗种繁育技术研究	华中农业大学
64	2013		wk201304013	紫珠优良观赏品种选育研究	武汉市林业果树科学研究所
65	2013		wk201303010	"豆类植物研究中心"、"武汉豆类植物研究基地"	江汉大学
66	2013		wk201305039	武汉市郊蔬菜设施栽培土壤盐分调控技术研究	中国地质大学（武汉）
67	2012		wk201212001	武汉地区冬季耐寒性花卉应用技术研究	武汉市园林科学研究所
68	2012		wk201212002	茄子新品种"春晓"的选育	武汉市蔬菜科学研究所
69	2012		wk201211003	华鲮引种、人工繁殖和苗种培育技术研究	武汉先锋水产科技有限公司
70	2012		wk201209013	名优鱼类繁育设施技术及应用技术集成与创新研究	武汉市水产科学研究所
71	2012		wk201208027	骏优 172	湖北惠民农业科技有限公司
72	2012		wk201208029	鄂茭 1 号、鄂茭 2 号配套栽培技术的研究与应用	武汉市蔬菜科学研究所

（续表）

序号	发布时间	鉴定时间	成果登记号	获得成果名称	完成单位
73	2012		wk201207016	杂交棉华惠4号	湖北惠民农业科技有限公司
74	2012		wk201207019	鄂豇豆11号的选育	武汉市蔬菜科学研究所
75	2012		wk201207001	高含量粉末蜂蜜产业化生产技术	武汉小蜜蜂食品有限公司
76	2012		wk201207004	直投优选乳酸菌腌渍黄瓜产业化技术	武汉三达罐头食品有限公司
77	2012		wk201206049	国外高端杂交花椰菜品种引进、中试与示范	武汉新特新种业有限公司
78	2012		wk201206043	菜青虫颗粒体病毒苏云金杆菌杀虫可湿性粉剂	武汉武大绿洲生物技术有限公司
79	2012		wk201206021	莲藕豆丝新产品研制技术	武汉市蔡甸区万顺农产品专业合作社
80	2012		wk201206012	稻谷专用复合酶饲料添加剂	武汉工业学院
81	2012		wk201206003	饲料中锡的允许量	华中农业大学
82	2012		wk201205107	湖北稻区螟虫综合防控技术体系的集成及试验示范	华中农业大学
83	2012		wk201206002	饲料中硒的允许量	华中农业大学
84	2012		wk201205078	菊花耐热种质创新与应用	江汉大学
85	2012		wk201205126	鱼下脚料发酵法耦合膜技术制备鱼低聚肽创新工艺	湖北工业大学
86	2012		wk201205047	防治鱼类水霉病新型药物开发研究	武汉市水产科学研究所
87	2012		wk201205113	莲藕多因调控无公害高产高效生产技术研究及应用	武汉大全高科技开发有限公司
88	2012		wk201205039	一种中性植酸酶PHYMJ11及其基因和应用	武汉新华扬生物股份有限公司
89	2012		wk201205040	包被颗粒酶生产工艺	武汉新华扬生物股份有限公司
90	2012		wk201205037	水产植酸酶的研究与开发	武汉新华扬生物股份有限公司
91	2012		wk201205038	反刍动物专用复合酶的研究与开发	武汉新华扬生物股份有限公司
92	2012		wk201206038	鲜食玉米新品种鄂甜玉6号的选育	武汉汉龙种苗有限责任公司
93	2012		wk201206001	蔬菜主要暴发性病虫害防控技术的研究与应用	武汉市蔬菜科学研究所

（续表）

序号	发布时间	鉴定时间	成果登记号	获得成果名称	完成单位
94	2012		wk201205041	蔬菜烟粉虱、豆野螟、芦笋茎枯病预测预报与防控技术研究及应用	武汉市蔬菜技术服务总站
95	2012		wk201205016	瓜菜健康种苗规模化高效育苗关键技术研究	武汉市农业科学研究所
96	2012		wk201205015	早熟西瓜无公害控制体系的建立	武汉市农业科学研究所
97	2012		wk201205017	西瓜中番茄红素提取及纯化工艺的研究	武汉市农业科学研究所
98	2012		wk201205018	固体废弃物基质化关键技术研究及示范	武汉市农业科学研究所
99	2012		wk201206039	早熟茄子新品种鄂茄子 3 号的选育	武汉汉龙种苗有限责任公司
100	2012		wk201205002	骡鸭高效饲料的研制与开发	武汉市畜牧兽医科学研究所
101	2012		wk201205001	两型规模化猪场控制主要疫病生物安全技术体系的建立	武汉市畜牧兽医科学研究所
102	2012		wk201204015	汉南万亩鳜鱼高效养殖产业化及示范	武汉市佳恒水产有限公司
103	2012		wk201204016	江夏、蔡甸万亩鳜鱼高效养殖产业化及示范	武汉市佳恒水产有限公司
104	2012		wk201204009	武汉市鳜鱼多季上市池塘高效主养模式的研究	武汉市水产科学研究所
105	2012		wk201204018	金中玉的选育	湖北省种子集团有限公司
106	2012		wk201204011	用科技扶贫方法推广水稻新品种技术研究	武汉市农村技术开发中心
107	2012		wk201204012	星火富民示范基地建设	武汉市农村技术开发中心
108	2012		wk201204010	武汉市农业科技培训示范体系建设	武汉市农村技术开发中心
109	2012		wk201203018	重组新型营养油的研制与评价	中国农业科学院油料作物研究所
110	2012		wk201202017	解淀粉芽孢杆菌防治油茶炭疽病技术研究	武汉市林业科技推广站
111	2012		wk201204014	十种鸢尾属植物的耐热抗旱性研究	武汉市林业果树科学研究所
112	2012		wk201202018	木聚糖酶的改良与玉米芯的酶法水解研究	中南民族大学

（续表）

序号	发布时间	鉴定时间	成果登记号	获得成果名称	完成单位
113	2012		wk201212009	抗热应激技术在奶牛生产中应用研究与示范	武汉开隆高新农业发展有限公司
114	2011		wk201112012	油茶芽苗砧嫁接规模化容器育苗关键技术研究与示范	武汉市新洲区林木种苗管理站
115	2011		wk201112017	鄂西瓜16号（武农6号）	武汉市农业科学研究所
116	2011		wk201112021	黄陂扶贫奔小康与农业科技示范推广	武汉市农村技术开发中心
117	2011		wk201112018	武汉市水禽养殖实用技术推广与农村科技综合服务体系建设	武汉市农村技术开发中心
118	2011		wk201112020	星火科技示范工程与信息化基地建设	武汉市农村技术开发中心
119	2011		wk201112022	星火科技示范工程与信息化基地的建设	武汉市农村技术开发中心
120	2011		wk201112019	武汉市农业科技示范村、示范户及农村信息化技术公共平台建设	武汉市农村技术开发中心
121	2011		wk201112003	香味花卉引种与应用技术的研究	武汉市园林科学研究所
122	2011		wk201111010	武汉城市圈农业科技创新体系研究	武汉市农业科学技术研究院
123	2011		wk201111011	武汉整合农业科技资源建设"两型农业"的主要途径	武汉市农业科学技术研究院
124	2011		wk201110001	城市园林湿地植物主要病虫害及防治技术研究	武汉市园林科学研究所
125	2011		wk201109009	半夏人工种茎的生产方法	湖北九州通药用植物工程研究中心有限公司
126	2011		wk201109003	多菌种混合发酵益生菌饲料工艺技术研究	武汉市鑫宏食品酿造科研所
127	2011		wk201107014	大三元肥研究开发及应用	武汉金禾科技发展有限公司
128	2011		wk201107005	蜂蜜新加工工艺集成技术	武汉小蜜蜂食品有限公司
129	2011		wk201107003	酿造蜂蜜醋新产品产业化生产技术	武汉小蜜蜂食品有限公司
130	2011		wk201107004	玫瑰花等风味蜂蜜产业化生产技术	武汉小蜜蜂食品有限公司
131	2011		WK201111004	利用航天育种技术进行茄子种质资源创新及新品种选育	武汉市蔬菜科学研究所

（续表）

序号	发布时间	鉴定时间	成果登记号	获得成果名称	完成单位
132	2011		wk201106011	豇豆新品种选育及相关技术研究	武汉市蔬菜科学研究所
133	2011		wk201105082	白蚁危害机理与监测控制技术的研究、开发与应用	华中农业大学
134	2011		wk201106002	入侵悬铃木方翅网蝽的危害和控制技术研究	武汉市园林科学研究所
135	2011		wk201106024	无公害莲藕双茬栽培技术研究与应用	武汉天慧农产品加工有限公司
136	2011		wk201105031	规模化猪场零排放技术研究	武汉市明翔牧业有限公司
137	2011		wk201105016	2BFQ-6 油菜精量联合直播机	华中农业大学
138	2011		wk201104020	黑尾近红鲌规模化高效养殖技术研究与应用	武汉先锋水产科技有限公司
139	2011		wk201104017	GM5000 系列智能色选机	武汉吉美粮油设备工程有限公司
140	2011		wk201104007	地方鹅与朗德鹅杂交提高肥肝鹅繁殖性能研究	江汉大学
141	2011		wk201104016	油茶良种示范及配套高效栽培技术研究	湖北省林业科学研究院
142	2011		wk201104009	茄链格孢毒素对番茄早疫病致病机理及钝化作用研究	武汉市蔬菜科学研究所
143	2011		wk201103012	重组动物防御素研发及其兽用生物制品应用	武汉市畜牧兽医科学研究所
144	2011		wk201103003	牛蒡苷元抗Ⅱ型猪圆环病毒体外增殖试验研究	武汉市畜牧兽医科学研究所
145	2011		wk201101011	武汉地区观赏南瓜引种、筛选及应用的研究	武汉市农业科学研究所

武汉市农业科技成果应用十个典型龙头企业

武汉市农业科技成果应用 10 个典型龙头企业

序号	龙头企业名称	经营规模	成果来源途径	起止时间	面积	经营额	税利
1	武汉中粮食品科技有限公司	大型企业	国家粮食储备局武汉科学研究设计院			10 732 万元	293 万元
2	湖北凯瑞百谷农业科技股份有限公司	中型企业	华中农业大学			20 454.97 万元	1 701.45 万元
3	湖北金林原种畜牧有限公司	中型企业	华中农业大学			14 162 万元	1 120 万元
4	武汉光明乳品有限公司	中型企业	光明乳业股份有限公司			41 521 万元	2 229 万元
5	武汉海浩农业发展有限公司	中型企业	武汉轻工大学			15 132 万元	1 522 万元
6	湖北维民种苗有限公司	中型企业	武汉市农业科学研究所			4 580.38 万元	452.05 万元
7	天喔（武汉）食品有限公司	中型企业	华中农业大学			14 873 万元	135 万元
8	武汉高龙水产食品有限公司	中型企业	湖北省水产科学研究所			45 058.12 万元	3 235.84 万元
9	武汉国英种业有限责任公司	中型企业	武汉大学			7 450 万元	1 041 万元
10	武汉黄鹤楼茶叶有限公司	中型企业	中国农科院茶叶研究所			9 787 万元	554 万元

武汉市农业科技成果应用
十大星火科技示范户

武汉市农业科技成果应用十大星火科技示范户

序号	示范户名称	经营规模	成果来源途径	起止时间	面积	经营额	税利
1	张军鄂	1 000 亩	湖北省农科院果茶研究所陈庆红——猕猴桃＋茶叶高效立体栽培技术	2012—2013 年	1 000 亩	70 万元	12 万元
2	黄丰华	1 200.8 亩	中垦锦绣、华农——油菜种子培植、优质玉米	2012—2013 年	1 200.8 亩	155.5 万元	36 万元
3	黄昌喜	养殖60 亩	武汉市新洲区水产技术推广中心、武汉市新洲区水产技术推广中心湖北省水产技术推广中心、农业部首席水产专家：王武——黄颡鱼养殖技术、80：20 池塘标准化养式、合理使用增氧机	2012—2013 年	60 亩	98 万元	15.2 万元
4	邱金木	60 亩	武汉市农科院水产研究所——"先锋1 号"大白刁	2012—2013 年	60 亩	55 万元	10 万元
5	徐家祥	养殖450 亩	1. 武大种业——"珞优8 号"水稻品种；2. 省农科院——"鄂莲5 号"菜藕品种；3. 保留二十多年来留存的品种——"红莲野藕"品种；4. "稻—鱼"、"稻—虾"混种混养新模式	2012—2013 年	930 亩	420 万元	60 万元
6	杨东全	450 亩	广玉兰、桂花树、桂花苗武汉瑞苗农业科技产业发展有限公司	2012—2013 年	450 亩	50 万元	10 万元
7	涂汉忠	蘑菇种植48.5 亩	杏鲍菇、香菇湖北省农科院	2012—2013 年	48.5 亩	1 500 万元	60 万元

（续表）

序号	示范户名称	经营规模	成果来源途径	起止时间	面积	经营额	税利
8	尹其豹	种植70亩	武汉市蔬菜科学研究所；武汉市蔬菜技术服务总站——莴苣、苦瓜、苋菜、毛豆	2012—2013年	70亩	50万元	20万元
9	黄治国	养殖94亩	无公害仿野生中华鳖养殖产业化武汉市东城垸农场 王世柱、李启社、陈锦文、梅志大等	2012—2013年	94亩	41.85万元	15万元
10	王中权	养殖52.3亩	黄颡鱼、胖头、鳜鱼、青虾的套养市水产所	2012—2013年	52.3亩	32.5万元	12万元

2013 年武汉市农业新技术、新品种、新模式推广工作总结

为贯彻落实市委一号文件精神，受局区与农村科技处委托，转化中心承担了 2013 年绩效工作目标中"全年推广新技术、新品种、新模式（以下简称"三新成果"）110 项以上"的工作任务。

针对武汉都市农业发展现状，转化中心在出色完成 2012 年推广"三新成果"100 项的工作基础上，今年继续采取工作专班明确目标、市区联动分解目标、项目管理落实目标的方式，在蔡甸、江夏、东西湖、汉南、黄陂和新洲等 6 个新城区组织开展"三新成果"推广试点示范工作，已全面完成上述绩效工作目标。

一、主要做法

（一）由局农村处和转化中心专业技术人员组成工作专班

深入 6 个新城区的种、养殖村、户进行实地查看，了解其使用的新品种、采用的新技术和新模式，研究相关专业协会、合作社和农业企业对品种、技术和模式更新的需要，针对性地收集了大专院校、科研院所和部分龙头企业最新的农业科技成果，以及近年来广大农户在农业生产实践中摸索出的应用效果好的适用技术或新模式，编印成《2013 年度武汉市农村星火科技示范村、示范户使用农业科技新品种、新技术、新模式》成果资料汇编，其中新品种 44 项、新技术 57 项、新模式 11 项，并按需求重点开展了专题性展示观摩、星火培训及企业技术需求对接活动共 24 场次，在科技、农业、宣传、组织部门等各种支农助农活动中进行广泛发放。

（二）以"三新成果"应用为重点

经各单位推荐、实地考察，由市、区科技部门及部分农技专家组成的专家组审

定，从全市范围推荐的 65 个村和 260 家农户中，综合遴选出 30 个农村星火科技示范村和 160 户农村星火科技示范户并授牌。同时，将他们应用"三新成果"的情况汇编成《2013 年度武汉市农村星火科技示范村、示范户应用农业科技新品种、新技术、新模式典型案例》该书将作为支农助农、小康扶贫和革命老区建设的主要资料发放广大农村及农户，宣传扩大示范影响，真正起到示范带动作用。

二、推广效果

与 2012 年相比，今年优选"三新成果"数量增加到 110 项，汇编成"三新成果"应用汇编，在全市范围内扩大宣传和发放；扩大了"三新成果"推广试点示范的遴选范围，在特色产业规模、人均收入、示范带动、加入合作组织等遴选指标上进行分门别类或优化，遴选过程引入评选竞争机制和工作专班、市区专家权重评分法等等，评出的示范村、示范户更有代表性；加大了星火科技示范村、户在各区的密集度和显示度，并与各种活动载体及革命老区建设、小康扶贫工作、星火培训、观摩展示和农村信息化建设等对接，针对武汉都市农业产业发展特点，突出"三新成果"应用。

经统计，2013 年授牌的示范村、户辐射和带动周边村、户数比上一年度翻一番，特色产业产值平均提高了 30 个百分点，人均收入增长 20 个百分点，示范带动作用显著加大。2013 年，授牌的示范村"三新成果"应用率比普通村高出 20.1%；授牌的示范户"三新成果"应用率比普通农户高出 53.3%；授牌的示范村、户在主导产业规模、人均收入等指标上比普通村、户分别高出 60.2% 和 31.5%，授牌的示范村、户在加入合作组织指标上比普通村高出 41.4%，为农业产业结构调整、农业增效和农民增收起到较好促进作用，充分发挥了科技支撑和引领农技作用。同时，在我市革命老区中授牌的示范村、户全都应用了"三新成果"，老区示范村、示范户的授牌数比上一年度均有提高。

市科技局及成果转化服务中心以遴选科技示范村、示范户为抓手，强化科技服务"三农"体系建设，邀请授牌的示范村、户参加市区联办的示范展示观摩、星火科技培训，系统了解和学习"三新成果"，通过工作专班承办的"科技三下乡"、"三深入三服务"等活动，与农技专家面对面交流，熟悉"三新成果"；还能通过农技 110 专家热线信息化手段或参加工作专班举办的技术需求对接活动，解决"三新成果"应用中的技术难题。

三、存在的问题及下一步工作设想

（一）强化协作推广机制

整合科技资源，进一步强化"科研院校 + 龙头企业 + 星火示范基地 + 农业专家大院+星火示范户"的协作推广机制。加强与华中农业大学、省市农科院、科技龙头企业等科研单位的合作，开展"三新"技术的试验示范，构建科技示范推广的长效常态机制。通过协作共建3~5个科技含量高、示范效果好的三新示范基地，充分发挥示范基地在展示观摩、技术集成和星火培训的功能。进一步提高精确定量栽培技术、高产优质品种、无公害标准化生产技术等主推品种、技术应用率。

（二）优化量化服务标准

根据项目实施要求，确保规定动作，做到科技示范有手册、专家服务有要求、典型案例有上报、年度工作有台帐、创新动作有特色。通过三新技术的创新、指导方式的创新和管理手段的创新来提升项目实施的质量和水平。通过网络平台、短信服务平台、农技110专家热线以及覆盖新城区（街、乡、镇）的基层站点（专业协会、合作社等），为星火科技示的推广与示范提供综合信息查询服务，定期定量提供信息推送服务，探索与安徽农网等开展信息服务合作等。

（三）建立健全考核体系

建立健全"三新"示范推广工作目标考核体系，层层分解任务，落实工作责任。加强对"三新"示范推广工作的督查指导，按区对"三新"工作进行年度考核，并制定奖励办法进行考核评比，推动工作的有效落实。

（四）优化示范评价指标

在示范村和示范户的遴选中，对加入合作组织、兴办家庭农场、科技特派员创业、应届大学生返乡创业的，予以重点倾斜。示范村和示范户分层分级，如示范户细分为典型户、优秀户、良好户，示范村分为典型村和优秀村，增设星火科技示范合作社（协会）、星火科技示范家庭农场，以此扩大影响力和增强示范效果。

（五）加大典型示范宣传力度

通过召开市区联动的示范工作筹备会、动员会、协调会及专家团成员培训班等形式推进示范工作，并利用湖北垄上频道、武汉电视台科教频道等媒体进行"三新"应用典型案例的连载报道；定期在武汉科技成果信息发布平台和科技供需对接服务平台网上发布工作动态、最新三新技术成果信息等。

黄陂区科技成果转化概况

武汉市黄陂区农业局

一、近五年黄陂区种子科技成果转换及现状

种子是农业生产最基本的生产资料，是具有生命的特殊商品，是各项种子高新科技及措施的核心载体，是实现农作物高产优质的内因。目前，种子在我国农业生产中的贡献率已达40%以上，种子直接影响着农业生产的丰欠，农业增效，农民增收。加快种子科技成果转换，推广应用良种是提高农作物产量，改善农产品品质的一条最经济，最有效的途径。

黄陂区属武汉市新城区，全区国土面积2 261平方千米，辖19个街乡镇场，600多个行政村。耕地面积80万亩左右，人口总数113万，农业人口80余万。黄陂区是农业大区，黄陂农业经济在武汉市农业中占有重大比重。种植作物以水稻、油菜、蔬菜为主，其他作物如棉花、小麦、花生、玉米等也有相当大的面积。

近五年来，黄陂区在种子科技成果转换方面做了大量的工作，大力推广应用农作物优良品种，加快了黄陂区农作物新品种的更新换代的步伐，为黄陂区粮食增产，农业增效，农民增收作出了重大贡献。主要体现在以下几个方面。

（一）开展农作物新品种、新技术、新模式的培训宣传

每年举办种子技术培训3～5期，有种子从业人员培训；种子生产农民培训；种植大户培训；新型农民培训等，同时，利用科技下乡、3. 15、3. 16等活动，积极开展农作物新品种、新技术、新模式的宣传，设立种子技术咨询台6～8次/年，散发各类新品种、新技术、新模式宣传资料；省、市主要作物主推品种公告等2万～3万份/

年。通过培训宣传，更新了种子技术，改变了广大农民传统种植观念，使农民朋友更好、更快地接受农作物新品种、新技术、新模式，充分利用良种良法提高作物产量，改善作物品质，增加经济收入。

（二）积极引进外来种业在陂开展种业活动

黄陂区积极引进有实力的种子企业到黄陂开展种业活动，先后有省种子集团、华泰种业、金丰收种业、中香种业、国英种业、武大天源种业在黄陂区开展种子生产活动。目前，国英种业、武大天源种业在我区建立了固定的种子生产基地，基地规模达6 000亩。近几年来，已生产了大批质量合格品质优良的水稻杂交种子。

（三）加强种子管理工作

为了保障黄陂区农业生产用种安全，切实保护黄陂区种子生产、经营、使用者的合法权益。区农业局高度重视我区种子管理工作，加强了黄陂区种子管理工作，规范种子生产经营行为。对种子生产经营资质、种子质量、品种审定、种子包装标签、种子生产经营档案、转基因种子、种子广告等各方面进行监督管理。每年开展种子市场大检查4～6次，检查门店覆盖率100%；开展种子专项检查2～3次/年；抽取各类作物种子样100多个/年，抽检门店覆盖率30%以上，抽检合格率86%以上；处理种子投诉纠纷8～15起/年，纠纷调解率100%，查处种子案件2～5起/年，案件办结率100%。

（四）开展农作物新品种展示试验、示范、推广工作

通过黄陂区种子管理机构和种子企业开展农作物新品种展示试验、示范，每年展示试验、示范各类作物品种60余个，主要是水稻、油菜、蔬菜等作物品种。近五年来黄陂区累计推广应用各类作物品种80余个，推广更新品种面积300万亩左右，其中水稻品种推广更新面积近200万亩，（按亩平增产25千克计算）水稻累计增产5 000万千克，增加经济效益1亿元左右。

近5年来黄陂区种子科技成果转换取得了显著的成效，促进了黄陂区农业生产的快速发展，取得了巨大的经济效益和社会效益。同时也面临前所未有的困境，导致种子科技成果转换进程趋缓，主要表现如下。

1. 国家农业政策滞后，几十年的联产承包制已不适应现代农业发展要求，目前的国家农业政策没有较好地起到促进和刺激我国种植业发展的作用。与打工经济相比，种植经济效益太低，黄陂近临武汉大都市，这种差异尤为突出。我区农民抛荒严重，不愿种植。土地流转效果也不明显。这是导致我区种子科技成果转换进程趋缓主因。

2. 2011 年国务院出台《关于加快推进现代农作物种业发展的意见》（国发〔2011〕8 号），定位我国农作物种业是国家战略性、基础性核心产业，是促进农业长期稳定发展、保障国家粮食安全的根本。也明确指出我国农作物种业发展面临的挑战：目前我国农作物种业发展仍处于初级阶段，商业化的农作物种业科研体制机制尚未建立，科研与生产脱节，育种方法、技术和模式落后，创新能力不强；种子市场准入门槛低，企业数量多、规模小、研发能力弱，育种资源和人才不足，竞争力不强；供种保障政策不健全，良种繁育基础设施薄弱，抗灾能力较低；种子市场监管技术和手段落后，监管不到位，法律法规不能完全适应农作物种业发展新形势的需要，违法生产经营及不公平竞争现象较为普遍。这些问题严重影响了我国农作物种业的健康发展，制约了农业可持续发展，必须切实加以解决。黄陂作为省会城市武汉市的一部分，除财政状况优于其他地区的县市，黄陂的种业和种子管理机构的现状均不如其他地区的县市，存在较大差距。也在一定程度上制约我区种子科技成果转换。

二、黄陂区植保站科技成果转化利用情况

1. 蔬菜烟粉虱、豆野螟、芦笋茎枯病预测预报与防控技术研究与应用（市科技成果）：年均应用面积 10 万亩次，年均挽回损失 700 万千克，年增效益 1 000 万元。

2. 武汉市黄瓜绿斑驳花叶病毒病的监测及防控技术研究与应用（市科技成果）：年均应用面积 2 万亩，挽回损失 200 万千克，年增效益 400 万元。

3. 水稻病虫害综合防治规范化技术的推广与应用（市科技成果）：年均应用面积 30 万亩，挽回损失 1 170 万千克，年增效益 2 500 万元。

三、黄陂区土肥站测土配方施肥技术主要成效

区土肥站围绕技术普及入户、配方肥施用到田、农业节本增效目标，以宣传培训、技术指导、示范展示为手段，普及推广测土配方施肥技术，取得了一定成效。一是年应用面积 40 万亩以上，亩平增产 40 千克，增幅 9% 左右。二是配方肥年施用面积 15 万亩以上，配方肥施用量超 7 000 吨。三是配置了 8 台"测土配方施肥专家查询系统"电脑触摸屏，方便农民查询，强化应用效果。四是形成了耕地地力等级图、耕地地力评价采样点位图、施肥分区图、有机质分级图、碱解氮分级图、有效磷分级图、速效钾分级图、pH 值分级图等 8 套数字化成果图，建立了测土配方施肥数据管理和县域耕地资源管理信息等 2 套数据管理系统。

四、黄陂区农业科技推广的成果、存在的问题及对策

（一）我区农业科技新品种、新技术推广的现状

1. 新品种引进推广情况

2010 年以来，围绕蔬菜"三新"技术的引进、示范与推广，我站作为全区蔬菜技术推广的支撑单位，在新品种引进方面先后一是开展了叶用薯、小白菜、竹叶菜、苋菜等多个蔬菜种类的品种比较试验，筛选出鄂菜薯 10 号等 31 个新优品种。二是引进试种了如西洋菜、水芹、养生菜、黄秋葵等特色蔬菜种类 8 个，引进品种 13 个。三是在鲜食作物中引进了多种甜玉米、糯玉米、紫薯等品种，累计达到 8 个。

2. 新技术引进推广情况

在新技术引进示范推广方面一是开展了早春竹叶菜（苋菜）—芹菜（大蒜）等 17 个高效种植模式的引进、总结及示范推广。二是在绿色防控、轻简栽培上先后引进了简易滴灌、黑膜覆盖、性诱剂、彩色粘虫板、爬藤网等 24 项新技术的推广。三是在重大病虫防治上针对烟粉虱的突然暴发，通过综合防治措施经过多年的努力将虫害控制在经济允许阈值内，有效控制了虫害对蔬菜生产的影响。近年来累计推广"三新"技术 15 项，推广面积达 2.7 万亩。

（二）特点和存在的主要问题

1. 主要特点

（1）引进新品种数量多、速度快、范围广。推广取得了明显的效果，特别是在全市以黄陂薯尖、黄陂芦笋为代表的黄陂优势蔬菜品种在市场竞争中脱颖而出，成为市场的领跑者。

（2）通过"三新"技术的引进和推广，锻炼了一大批农技人员，为农技推广体系不断完善发挥了重要的作用。

（3）高效作物为主。新品种、新技术的引进要发挥作用，必须和高效益挂钩，大宗作物品种的引进必须有订单企业的认可，如优质鲜食作物，农民的种植品种主要由收购方提供品种，因此在新品种的引进时主要考虑引进效益好、品质优的经济作物。

（4）设施作物、规模化种植作物的新品种、新技术应用率高。

2. 存在的主要问题

（1）没有形成持续的工作机制。我区新品种、新技术的引进和示范推广，主要是项目引进的，工作往往随项目走，项目一旦结题，工作就失去延续性。行政方面也没

有形成统筹机制，促进这项工作有序开展下去。

（2）农业科技新品种、新技术本身的问题。作为新品种、新技术是一个不断进步发展的动态过程，但由于随着项目走，当项目结束时，发展也随之停止，这样不利于农业科技的不断向前发展。

（3）推广者的问题。首先，推广部门职能与行政单位相近，从事管理、行政等业务时间有的甚至多于从事农业科技服务的时间，乡镇农技中心合并后，成为乡镇机关的行政助手，乡镇重点工作、驻村、阶段性的中心工作等，都变相成为农技中心人员的工作。其次，农业推广队伍数量不足，素质有待提高。最后，机构经费不足。

（4）农民采用过程中存在的问题。第一，农民受过农业技术正规教育的很少；由于大部分有文化的青壮年农民都外出打工或弃农经商了，留下的多为老、弱、病、残者，这些决定了整体素质提高的困难度。第二，农民对采用科学技术存在着守旧、求稳、从众等心理障碍。第三，目前农村普遍采用土地承包分散经营的方式，很不利于大型综合性的农业技术的应用。第四，农业科技服务不足。第五，区域功能定位不明，没有鲜明的地域特色。

（三）措施及建议

1. 设立农业专家基金，对新品种、新技术的引进统筹安排

配合实施农业技术推广体系建设补助项目，统一安排农业领域的新品种、新技术引进，把相关技术人员吸引到黄陂开展技术推广工作，同时可以带动培养本地的科技拔尖人才。另一方面确保引进新品种、新技术的高质量，保证工作的完整。

2. 将农业新品种、新技术引进推广纳入目标责任制考核

农业科技新品种、新技术的引进推广离不开政府的引导、管理和服务，因此将此项工作纳入目标责任制考核，重点在任务的落实、示范户的落实等。各专业局则重点在技术人员的到位和服务。

3. 加强农业科研管理，提高农业科技成果质量

提高农业科技成果质量。第一，应从科研的立项、申报抓起，对那些技术先进、应用性强、有明显经济效益、并能自创条件尽快完成研究任务的选题优先批准立项。第二，规范项目经费的使用，建议使用项目课题负责人制度，科研项目经费的使用，必须由课题负责人签字，行政领导负责监督其使用，在项目研究进程中，要加强管理，进行定期的检查和督促，确保项目按期完成。第三，对于引进的区州级科技项目，尽可能与有严谨科学作风的专家合作，及时向上级科技行政管理部门反馈项目专家的合作进展情况。

4. 完善农业推广运行机制

一是建议由人事部门牵头，组织相关部门，加强对技术推广机构从事技术服务工

作的考核，将考核结果与职称评定、拔尖人才培养等结合起来。二是要稳定队伍，充实人员，确保农业推广人员有足够数量，要通过项目专家带动培养和继续教育，提高农业推广人员素质。三是增加农业技术推广机构的运行经费，改善农业推广工作条件，解决农业推广人员实际困难和后顾之忧，使农业推广人员安心工作、努力工作、心情舒畅地工作，积极性得到充分调动，愿为农业推广多作贡献。四是大力培育和发展各种民办的农业推广组织，培育和发展农业科技企业，各地先后产生的企业加农户、协会加农户等民间的农业推广组织，因为他们把农业生产和市场结合紧密，其运行机制灵活、高效，具有强大的生命力，应该采取扶持政策，使其壮大发展，为搞好农业推广服务。

5. 提高农民文化科学水平，增强农民采用科学技术意识

一是继续加大农民素质教育培训，使农民在掌握常规的农业技术基础上，增加新技术知识，扎实提高其科学文化法律等综合素质。二是切实开展对农民的科普宣传，增强农民采用科学技术意识。三是加快形成不同的功能区域。合理确定不同区域的农业功能，在经济较为发达、耕地资源紧张的区域，重点发展资本密集、劳动密集、高附加值型农业；在经济次发达、农业资源较为丰富的地区，重点是发展规模型特色产业、形成了较为合理的农业发展模式。甚至在同一区域内，也根据不同条件对农业功能定位进行划分。每一地区都有着明确的功能定位和目标指向。根据不同区域的资源禀赋和经济社会条件，充分发挥各地的比较优势，形成各具特色的农业功能区，有效配置农业资源，提高土地产出率、资源利用率和劳动生产率。

东西湖区科技成果转化概况

一、立足工厂化育苗事业　惠利蔬菜种植户

武汉市东西湖维农种苗公司（以下简称维农公司）是一家主要从事工厂化培育种苗的企业，位于东西湖区柏泉生态园，占地面积260亩。前身是2008年由武汉维尔福种苗公司和东西湖区农科所成立的种苗公司，2013年，东西湖区农科所收购维尔福种苗公司所持股份，成为公司控股单位，目前，维农公司设施总投资达5 000万元。拥有4万平方米现代化智能温室（配备自动喷水、打药装置、风机湿帘等设施），具备年产1亿株的蔬菜种苗生产能力。有近1万立方米水处理系统，可以从根本上杜绝种子育苗期间病害的发生。园区集中供暖设施，可确保武汉极端低温下安全供苗。整个园区道路整洁、环境怡人，彰显现代工厂化农业的气息。

由于近几年东西湖区蔬菜产业发展十分迅猛，蔬菜面积不断扩大，对蔬菜品质的要求不断向营养保健、绿色有机等方向发展，这也迫使蔬菜育苗的质量要求越来越高，只有不断地提高育苗的技术含量，才能有效地提高秧苗的质量。

目前，维农公司集约化工厂穴盘育苗在东西湖区推广的类型有：瓜类有西瓜、甜瓜、苦瓜、冬瓜、黄瓜等嫁接苗及自生苗；茄果类苗有辣椒、茄子、番茄嫁接苗及自生苗；其他有西兰花、莴苣、甜玉米等自生苗。维农公司采取示范推广和推荐引导的方式，农户也可以根据市场需求、种植习惯自主选择品种。东西湖区主要蔬菜品种如茄子、辣椒、瓠子、莴苣、菜豆、黄瓜、红菜薹、小西瓜、藜蒿、苦瓜、苋菜、豇豆、箭杆白、雪里蕻、竹叶菜、大蒜、萝卜等蔬菜品种。目前，全区各类蔬菜品种的60%是通过工厂化育苗来解决种苗问题。其中，2013年维农公司工厂化培育西甜瓜、苦瓜、茄子等各类嫁接苗1 000万株；各类蔬菜实生苗2 000万株；销售育苗基质10 000包；实现销售总收入近1 500万元。

维农公司成立以来，通过不断的探索、试验、示范，采用蔬菜"集约化育苗，分散种植"方式，打造了1个蔬菜产业技术创新平台（武汉市种子种苗繁育创新战略联盟），培养了一大批蔬菜生产和集约化育苗专业技术人才，取得发明专利3项（工厂化育苗温床、可更换嫁接签头嫁接签、催芽室加温加湿机），获得省市级科技成果鉴定1项，获湖北省科技进步二等奖1项，制定武汉市蔬菜集约化育苗标准2项，先后在省内外专业刊物上发表学术论文4篇。

近年来，维农公司引进推广蔬菜新品种25个，瓜类新品种20个，全年可供应各类蔬菜优质种苗5 000万株，除本省以外推广面积还覆盖到了安徽、湖南、海南、江西、河南等省份，所供瓜菜种苗全部附品种说明，实行跟踪服务，并及时指导农户种植，随着农民对育苗习惯的改变和对专业育苗企业的依赖，瓜菜产业已形成具有巨大市场潜力和广阔发展空间的朝阳产业，项目产品的熟化程度国内领先。

维农公司通过蔬菜"集约化育苗，分散种植"方式的实施，促使一些先进的农业生产技术得到了开发、应用、推广，一些涉农企业或合作社自主创新初露端倪，他们都积极广泛采用新技术新成果，孕育了一批具有产业化前景的新产品。但农业依旧存在对抗自然风险能力弱，对高新技术接受慢的特点，建议今后我省、市高等科研院利用立身科研优势，多督促多指导企业产学研相结合，形成具有区域特色的产业群或龙头企业，带动相关产业发展，形成良性循环，确保农业增收，农民增效。（东西湖区农业局种植业科　牛静）

二、创建生物科技之星　发展农业循环经济——记武汉日清生物科技有限公司

武汉日清生物科技有限公司是华中地区首家新型农业科技公司，是一家专业从事有机肥研发、生产、销售的农业循环经济企业，成立于2010年3月，占地60亩，位于武汉市东西湖区辛安渡办事处工业园，公司法人李金文博士，曾留学日本静冈大学。目前，公司拥有员工68人，专业研发团队8人，高级农艺师3人，大专学历以上人员占公司员工32%以上，公司管理团队在该行业的综合实力处于国内领先水平，掌握着该行业最先进的核心技术和生产工艺。

公司法人李金文博士，在日本留学时多次参与酵素菌农法的研究项目，回国后一直致力于该技术的引进、推广和示范。当前，随着现代社会的发展和人们消费水平的提高，固体有机废弃物逐年增长，庞大的"废物"数量给农业可持续发展带来极大压力和威胁，如何将废弃物更好的回收利用，一直是世界各国关心的焦点。李博士针对我国农作物秸秆、食用菌渣滓等废弃物逐年增多，作物土传病害逐年加重的农业发展

现状，在技术上进行创新，利用具有自主知识产权的发酵工艺，成功将抗病生防性微生物，和植物营养性微生物有机复合，研发了一条"多菌共生、生物循环、药肥一体"的产品开发路线。目前，公司拥有专利 12 项，其中，发明专利 2 项，实用新型专利 9 项，外观设计专利 1 项。

现在，公司产品核心技术是以木质纤维素为主要对象，依托中国农业大学、华中农业大学和南京农业大学的技术支持，在国内率先构建了"高效稳定的纤维素分解菌复合系 BM-01"，以该复合系开发的"有机物料快速腐熟菌剂"作为快速分解大多数难分解的有机废弃物的核心技术；开发了由"原料自动配料搅拌机"、"定量加菌器"、"长槽式射流通氧发酵槽"、"太阳能集热地热板"、"多线程堆肥温控器"及"传送式自动翻堆机"等构成的具有自主知识产权的"太阳能长槽式快速发酵反应器系统"作为快速分解有机废弃物的核心装置；在该反应器系统内建立本技术所特有的微好氧快速分解及养分保全发酵体系，同步实现快速分解、无害化及养分保全，并实现了无机有机化技术、有机肥产品腐熟度快速判定技术。

利用植物秸秆好氧发酵生产有机肥料，是武汉日清生物科技有限公司通过自主创新，研发针对农作物秸秆资源综合利用肥料化的一个创新项目，其工艺是采用公司核心技术木质纤维素分解菌复合系和太阳能长槽射流通氧发酵装置技术，对作物秸秆进行生物处理制备高品质有机肥。该项成果的转化可实现每年有效处理农作物秸秆 30 万吨，生产有机肥产品 10 万吨，实现经济增收 16 950 万元，同时，农民通过用秸秆换取有机肥料，不仅降低生产成本，还能改良土壤，提高农产品产量和品质，按每亩均增收 150 元计算，每年可为农民或村级经济增收 3 300 万元，能使东西湖区 80% 的种植业进入农业废弃物肥料化处理和循环利用的新模式中。2012 年 2 月对该项技术投产，2 年内实现有机肥生产 11 万吨，累计创收 1.6 亿元，累计转化本地农作物秸秆 33 万吨，受益面积约 22 万亩，受益农户 5 万户，因此，企业经济效益大大提高，发展进一步加快。

同时，由于生产上采用的原料主要来源是从农户手中收购到的畜禽粪便、农作物秸秆、食用菌渣滓等农业废弃物，进行生物处理，转化为生物有机肥，然后低价卖给农户，既避免了秸秆燃烧引起的环境污染问题，又惠利了农户，属于资源循环利用，无污染、无排放，符合建设"两型社会"的要求，可解决东西湖区、蔡甸区及汉川、孝感部分范围内的秸秆废弃与违规焚烧。该公司一期建设用地面积 3 万平米，配有干秸秆粉碎车间、预混车间、搅拌车间、微生物发酵车间、太阳能发酵车间、配料车间、造粒灌装车间、原料及成品仓库、技术中心等一条线的生产车间，日生产微生物有机肥 200 吨，产品一经上市便被抢购一空。为了满足市场需求，公司正在扩建二期项目，二期完成后将成为华中地区最大的微生物酵素农业制剂生产基地，每年可节省燃料折合煤约为 12 万吨，年可减排因农林作物秸秆田间焚烧产生的二氧化碳（CO_2）37.5 万吨，减排碳粉尘 83 929.89 吨，减排二氧化硫（SO_2）9 256.97 吨，减排氮氧化物（NO_x）4 628.49 吨，有效缓解武汉市的环境污染，对于改善生态环境、降低农业成本具有很好的生态效益和社会效益。

日清，自足资源优势，依靠高新技术，商业模式创新，借助市场和政策支持，致力发展成为中国最具规模的高科技生物企业，创新生物科技，发展循环经济是日清人的目标，"制造高品质的产品，提供高水平的服务，满足客户需求"是公司质量的方针。"日事日毕、日清日高"是公司的企业文化。"爱岗、敬业、奉献、团结"是公司的行为准则。他们将不断努力，不断创造，持续改进，提供优良产品满足社会的需求，竭诚为广大种植户服务，以种植户满意为最高目标，为社会、为人类做出更大贡献。（东西湖区农业局种植业科——牛静）

三、加快农业科技成果转化　促进农民增产增效——记东西湖区强鑫蔬菜产销专业合作社

武汉市强鑫蔬菜产销专业合作社（以下简称强鑫合作社）位于武汉市东西湖区径河街莲花湖大队万亩快生菜基地，由市级农业核心示范户、2008 奥运火炬手赵礼强发起，于 2008 年 7 月正式成立。至今，强鑫合作社成立已近 6 年，社员由 56 户增加到 312 户，注册资金由 16.2 万元增资到 166.2 万元，蔬菜生产基地由 312 亩发展到 3 000 余亩，辐射达千余户，辐射面积达万余亩。

有这样的突出成果，是赵礼强社长和社员们辛勤努力的结果。他们不分白天昼夜，不断辛勤努力，想尽各种办法实现户增产增效。总的来说强鑫合作社是采用以下措施让农户发家致富让合作社逐渐强大的。

一是建章立制，进一步规范管理。刚成立合作社不久就多次召开社员代表大会，不断讨论和完善内部运营、管理和分配机制，最终实行在董事会领导下的总经理负责制，使各成员分工明确、责任清晰，使各项管理工作规范严谨，有章可循。以"民办、民管、民受益"为宗旨，制定了民主制度、财务管理制度、部门责任制度、利润返还制度和档案管理制度等各项制度，用制度管人管事。

二是提升服务功能，提高硬件和软件实力。合作社明确知道，要想获得高产，必须要采用科学的栽培技术、高效的种植模式和优良的作物品种。为提高农户种植水平，合作社多次聘请农业专家、农业技师对社员进行培训。并选聘科技示范户蒋盛栋等 5 位同志组成生产技术服务部，定期对基地农户进行技术指导，不断摸索适合的种植模式。引进彩色白菜、日本青梗菜等 10 个优质品种来调整蔬菜种植结构，并成为

当地主导优势产业。

合作社已注册两个"强鑫"商标产品，一个是果酱、干食用菌、腌制蔬菜等农副产品，一个是新鲜蘑菇、新鲜蔬菜等产品，其中，引进的日本青梗菜已成为"强鑫"商标的主题元素，引进的莴苣品种因上市早、产量高、质量好而畅销国外。目前，合作社基地推广注册强鑫商标的蔬菜已1 000余亩，为社员年增加收入2万多元，为当地农民亩产增加年收入近6 000元，高出当地农民年收入的57%。

为完善生产技术服务设施，新建2 000平方米办公楼一栋，内设技术信息室、社员培训室和生产资料经销店，配备了电脑、电视、电话、多媒体、投影仪、桌凳、柜台、天气播报喇叭等生产技术服务设备，为社员技术培训创造了更好的条件。2013年，新增300亩钢架大棚及其喷滴灌配套设施，新增配套农业设施建设600亩。同年，新建成4 000平方米厂房一座，各项配套设备基本完成。

三是运用现代科技技术，积极探索农产品深加工产业。为进一步提高农产品的附加值，解决"旺季无价，淡季无货"的问题，强鑫合作社积极探索泡藕生产工艺，并于2013年自行生产出强鑫牌泡藕带，并注册"强鑫"商标。后来不断改进包装技术，对袋装系列进行双层包装，增设风干机，使产品一次成型，降低生产成本，"强鑫泡藕带"系列组合礼品装深受广大消费者喜爱。目前，合作社日处理藕带能力达8 000千克以上，深加工车间每年新增就业岗位50余个，年人均增加收入1.5万元。通过净菜上市、农产品深加工等产业化经营，将初级产品向商品、礼品转化，极大提高了农产品的附加值。

四是开展农垦农产品质量追溯系统项目。为了确保食品安全，2013年合作社成为农业部农垦农产品质量追溯系统项目建设单位，对基地蔬菜产品实施生产有记录，流向可追踪，信息可查询，质量可追溯等措施。引进蔬菜商品条码信息技术，对每批次蔬菜进行条码标识，消费者通过短信、语音、网上查询等形式，能便捷、快速地查询到产品的质量安全信息，满足消费者对农产品质量安全状况的知情权、监督权、追溯权，使消费者有"我消费、我放心"的消费理念。

五是积极探索，开拓销售市场。先后与武商量贩、江汉大学、湖北大学、武烟集团、长兴集团、省气象局等建立供货关系，确保农民销售蔬菜的固定渠道，保证农民蔬菜价格的稳定性。同时在白沙洲、皇经堂蔬菜批发市场设立蔬菜自营店，基地农户可免费到这些蔬菜自营门店销售蔬菜；在四季美农贸市场设立"强鑫商行"直销门店达10余个，并创建了强鑫样样红购物广场，保证基地蔬菜产品直销，降低销售成本，增加农民收入。

通过大胆创新和不懈努力，强鑫合作社实现年销售收入1 800多万元，年净利润420余万元。2013年年底，合作社将其中240万元盈余分配给各农户，社员人均纯收入 24 386 元，高出当地农民人均纯收入 53%。有了可观的收入，社员的干劲儿更大了，合作社的活力更旺了，一个生机勃勃、生态环保、绿色无公害的万亩蔬菜生产基地初具规模。因此，强鑫合作社多次被市、区政府授予"农村专业合作经济组织建设先进单位"及省、市、区"示范性合作社"光荣称号。

在今后的工作中，强鑫合作社社长赵礼强表示将加快农业科技成果转化惠利农户，力争做到"扶持一户、带动一方"，为农业科技进步贡献一份力量。

新洲区农业科技成果转化概况

一、武汉市应用成果科技示范户（新洲区）

武汉市应用成果科技示范户一览表（新洲区）

序号	示范户	经营规模	主营业务	成果来源途径	应用成果名称	应用效果
1	袁旭东	50 亩	水产	新洲区水产技术推广中心	黄颡鱼健康高效养殖技术研究与示范	亩平效益 4 500 元
2	汪宏兵	80 亩	水产	新洲区水产技术推广中心	鳜鱼健康高效养殖技术	亩平效益 5 500 元
3	徐志敏	300 亩	水产	新洲区水产技术推广中心	克氏原螯虾生态养殖技术示范推广	亩平效益 5 000 元
4	周水旺	7 000 平方米	水产	新洲区水产技术推广中心	网箱养鳝模式	效益 150 元/平方米
5	汪锦洲	100 亩	水产	新洲区水产技术推广中心	黄颡鱼"全雄 1 号"池塘健康高效养殖综合配套技术	亩平效益 6 000 元

二、武汉市近五年以来成果推广应用情况（新洲区）

武汉市近五年以来成果推广应用情况表（新洲区）

序号	应用成果单位	应用的成果名称	成果登记号	推广面积规模	产生的效益
	新洲区水产技术推广中心	黄颡鱼健康高效养殖技术研究与示范	Wk201012019	27 400 亩	18 635 万元
	新洲区水产技术推广中心	80：20 养鱼模式		4 513 亩	3 827 万元
	新洲区水产技术推广中心	鳜鱼池塘健康高效养殖技术		70 920 亩	3 656 万元

（续表）

序号	应用成果单位	应用的成果名称	成果登记号	推广面积规模	产生的效益
	新洲区水产技术推广中心	黄鳝池塘网箱健康养殖技术		30 万平方米	6 000 万元
	新洲区水产技术推广中心	"中科 3 号"鲫鱼池塘健康养殖技术		1 万亩	1 000 万元
	新洲区水产技术推广中心	黄颡鱼"全雄 1 号"池塘健康高综合养殖配套技术	wk201403020	6 500 亩	1 197 万元
	新洲区水产技术推广中心	克氏原螯虾生态养殖技术研究与示范	Wk200812009	32 160 亩	18 857 万元